应用型本科　电子及通信工程专业“十三五”规划教材

单片机原理及应用技术实训教程

（Proteus 仿真）

主　编　戴峻峰　付丽辉
副主编　张宇林
参　编　孔庆霞　严　石　常　波　柏晓颖

西安电子科技大学出版社

内容简介

本书以实践教学为主导，是一本以单片机技术应用为主线编写的实训教材。全书共分三篇。第一篇介绍系统开发环境及相关软件的使用，包括第一、二章，重点讲解了Proteus设计与仿真平台的使用以及Keil C51集成开发环境的使用。第二篇为基础理论篇，包括第三章，介绍了单片机的基础理论及软硬件资源。第三篇为系统开发与实战训练篇，是本书的重点，包括第四至第六章。其中，第四章以模块化设计为基础讲解各种基本电路系统；第五章提出一些相当于课程设计难度的简单任务，主要包括交通灯控制器的设计、抢答器的设计、电子密码锁的设计、计算器的设计，并尽量利用第四章的各个模块搭建完成各个任务；第六章提出了相当于毕业设计难度的复杂任务，包括设计来电显示及语音自动播报系统，并给出任务的软件设计过程及具体电路。

本书既可独立作为教学用书，也可以作为辅助教材使用。

图书在版编目(CIP)数据

单片机原理及应用技术实训教程/戴峻峰，付丽辉主编.
—西安：西安电子科技大学出版社，2017.4
ISBN 978-7-5606-4431-8

Ⅰ.①单… Ⅱ.①戴… ②付… Ⅲ.①单片微型计算机—高等学校—教材 Ⅳ.①TP368.1

中国版本图书馆CIP数据核字(2017)第065685号

策　　划　马晓娟
责任编辑　王　蕾　阎　彬
出版发行　西安电子科技大学出版社(西安市太白南路2号)
电　　话　(029)88242885　88201467　　邮　　编　710071
网　　址　www.xduph.com　　电子邮箱　xdupfxb001@163.com
经　　销　新华书店
印刷单位　陕西天意印务有限责任公司
版　　次　2017年4月第1版　2017年4月第1次印刷
开　　本　787毫米×1092毫米　1/16　印张13
字　　数　303千字
印　　数　1～3000册
定　　价　25.00元
ISBN 978-7-5606-4431-8/TP
XDUP　4723001-1

前　言

编写本书主要基于两个方面的考虑：一是单片机原理及应用课程对电类专业学生的毕业设计及增强学生就业竞争力具有非常重要的意义；二是当前单片机原理及应用课程教材实践环节欠缺，在一定程度上影响了学生对该课程知识的深入学习。

目前，很多学校的学生对该课程的学习状况不容乐观，在每年的毕业设计之际，很多同学都需要重新学习基础知识，这在很大程度上影响其毕业设计的效果和进度，也制约了学生自身就业竞争力的提高。笔者认为，造成这种现象的原因，一是基于传统教材的教学方法一般只注重课程本身的体系结构和前后的逻辑联系，忽略了“可学性”，致使学生学得吃力，老师教得辛苦，教学效果却没有显现出来；二是教学中多以理论教学为主，实训教学则多为验证性实验，而单片机实验室存在场地和时间的限制，学生除了上课，很难有机会接触仿真器、实验板等设备，因此，学生很难得到动手能力的训练和提升。为了改变这种现状，我们编写了本书。

本书的主要特点如下：

(1) 本书以MCS－51单片机实践教学为主导，是一本以单片机技术应用为主线编写的实训教材，既可作为独立教材用书，也可作为理论教学的有益补充，并且书中所涉及的大多数项目均来自于课题组成员的工程实践，具有原创性。

(2) 本书将尽量给出各主要设计任务的完整程序及电路，让学生们在学习及实践过程中获得有益的参考，同时本书还会配备相应的电子课件以方便专业教师的教学工作。

(3) 本书摈弃传统的设计理念，代之以一个个项目和模块，将整个理论体系进行有机的、覆盖性的分解后融入项目和模块的实现过程中。在每一个项目或模块的编写中，勾勒出本项目所涉及的理论基础，以方便教师组织学生进行必要的理论准备，且所有的项目均秉承由浅入深的原则，通过渐进式的学习逐步提高和完善学生的能力。

(4) 本书制作的项目具有独立性与延展性，从而为实施项目化教学奠定基础。书中设计的每个制作项目自成一体，具有相对的独立性，但每个项目之间又互相联系，即每个项目按照标准化、格式化的要求编写，前面编写的程序可以直接为后面的项目所用，后面的项目是前面项目的技术集成，通过选取前后不同项目的组合，可以满足不同专业实施相应的项目化教学。

(5) 本书主要以C语言形式给出各个示例的程序，只要学生们理解了各个模块的控制过程，完全可以通过汇编语言来实现各个模块的功能。

本书由戴峻峰编写第一章，张宇林编写第二章，付丽辉编写第三章，孔庆霞编写第四章，严石编写第五章，常波、柏晓颖编写第六章。全书由戴峻峰统稿。

由于编者水平有限，书中难免存在不妥之处，敬请读者批评指正。

编　者

2016年9月

目　录

第一篇　系统开发环境及相关软件的使用篇

第二篇 基础理论篇

第三篇　系统开发与实战训练篇

第一篇　系统开发环境及相关软件的使用篇

本篇介绍系统开发环境及相关软件的使用，包括第一、二章。其中，第一章讲解 Proteus 设计与仿真平台的使用；第二章讲解 Keil 51 集成开发环境的使用及程序下载。通过对本篇的学习，学习者可以了解单片机设计完成的具体过程以及所用到的具体软件的使用方法，从而为今后实际项目的完成打下实践基础。

第一章　Proteus设计与仿真平台的使用

本章主要介绍Proteus设计与仿真平台的使用方法，包括Proteus安装、Proteus ISIS的原理图设计工作界面、Proteus ISIS窗口、图形编辑的基本操作、电路原理图的设计流程、Keil C与Proteus连接调试示例、Proteus ISIS的库元件。通过对原理图设计方法的讲解，帮助学生学会如何利用Proteus完成单片机电路的绘制以及仿真调试。另外，本章第9节和第10节讲解了Proteus ARES设计工作环境、设计窗口、布线编辑、封装库等，并通过以网络表绘制PCB的Proteus ARES完整设计示例，来强化学习者对放置、编辑元件、飞线、手工布线、自动布线、连接规则检查的知识理解，从而真正掌握生成制板文件的完整过程，为单片机的后续开发工作打下一定基础。

1.1　Proteus概述

单片机应用产品的传统开发过程一般可分为以下三步。

(1) 单片机系统原理图设计：选择、购买元器件和接插件并安装，进行电气检测等(简称硬件设计)。

(2) 单片机系统程序设计：调试、汇编、编译等(简称软件设计)。

(3) 单片机系统在线调试、检测：实时运行直至完成(简称单片机系统综合调试)。

传统开发调试过程中，硬件和软件的问题比较难于查找和修改。

基于Proteus仿真的单片机应用产品的开发的一般步骤是：

(1) 在Proteus平台上进行单片机系统电路设计，选择元器件、接插件，连接电路并进行电气检测等(简称Proteus电路设计)。

(2) 在Proteus平台上进行单片机系统源程序设计、编辑、汇编编译、调试，最后生成目标代码文件(*.hex)(简称Proteus软件设计)。

(3) 在Proteus平台上将目标代码文件加载到单片机系统中，并实现单片机系统的实时交互、协同仿真(简称Proteus仿真)。

(4) 仿真正确后，制作、安装实际单片机系统电路，并将目标代码文件(*.hex)下载到实际单片机中运行、调试。

基于Proteus仿真的单片机调试过程中，若出现问题，可与Proteus设计与仿真相互配合调试，直至运行成功，真正实现了虚拟物理原型功能，在目标板还未投产前，就可以对所设计的硬件系统的功能、合理性和性能指标进行充分调整，并可以在没有硬件电路的情况下，进行相应的程序设计与调试。Proteus的设计方式是从原理图设计、单片机编程、系统仿真到PCB设计一气呵成，真正实现了从概念到产品的完整设计。实践证明：Proteus是单片机应用产品研发的灵活、高效、正确的设计与仿真平台，明显提高了研发效率，缩短了研发周期，节约了研发成本。

Proteus 软件是由英国 Labcenter Electronics 公司开发的 EDA 工具软件。Proteus 软件功能强大，集电路设计、制板及仿真等多种功能于一身，不仅能够对电工、电子技术学科涉及的电路进行设计与分析，还能够对微处理器进行设计和仿真；不仅是模拟电路、数字电路、模/数混合电路的设计与仿真平台，更是目前世界上最先进的多种型号微控制器(单片机)应用系统的设计与仿真平台。Proteus 提供了众多的信号源，并提供了数字示波器、逻辑分析仪、I^2C 调试器、SPI 调试器等十几种虚拟仪器。Proteus 可以仿真 51 系列、AVR、PIC 等常用的 MCU 及其外围电路(如 LCD、RAM、ROM、键盘、马达、LED、AD/DA、部分 SPI 器件、部分 I^2C 器件等)。

Proteus 软件由 ISIS 和 ARES 两部分构成，其中 ISIS 是一款便捷的电子系统原理设计和仿真平台软件，ARES 是一款高级的 PCB 布线编辑软件，具体介绍见下一节。

1.2　Proteus 安装

Proteus 能够运行于 Windows 98、Windows 2000 SP6、Windows XP、Windows 2003 Server 平台之上。以下为在 Windows XP 系统下安装单机版的步骤：

(1) 插入安装光盘，出现光盘自动运行界面，如图 1-1 所示(注意：安装时请勿插入加密狗，直到安装完全结束)。

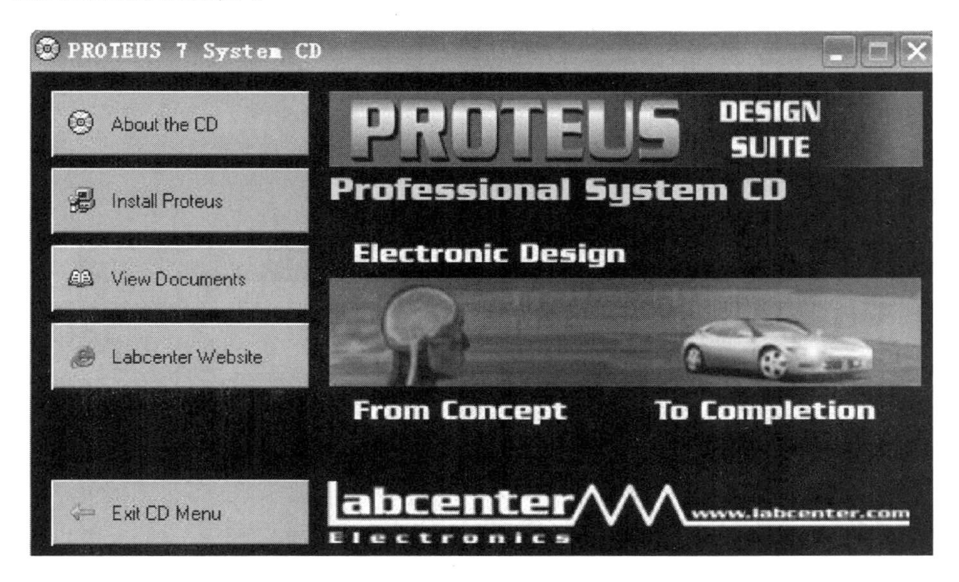

图 1-1　Proteus 安装界面

☆ About the CD：介绍光盘内容；

☆ Install Proteus：安装 Proteus；

☆ View Documents：查看光盘中的说明文档；

☆ Labcenter Website：访问公司网站。

(2) 点击第二项 Install Proteus 安装软件。

(3) 进行安装类型的选择，如图 1-2 所示。

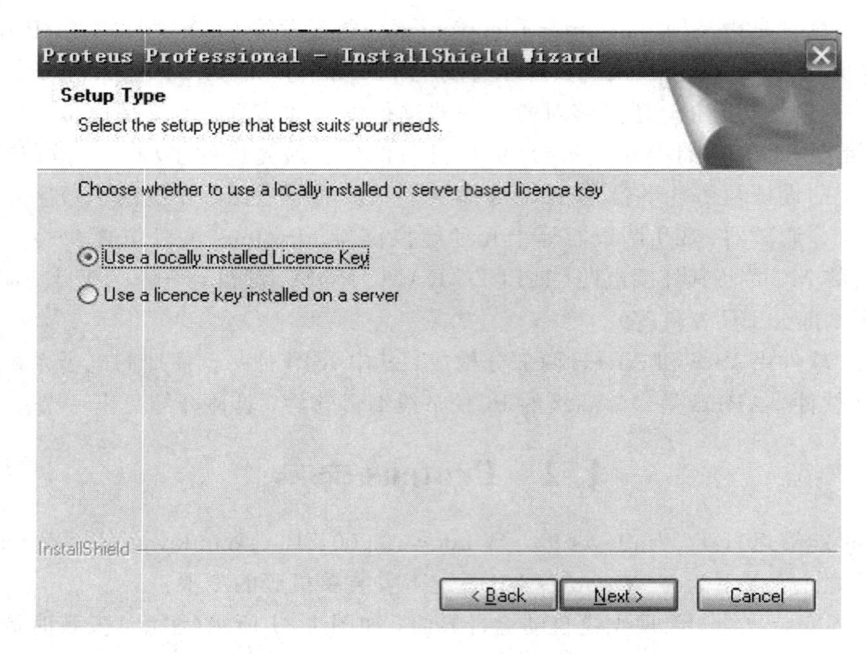

图 1-2　Proteus 安装类型选择界面

Use a locally installed Licence Key：单机版安装选项。

Use a licence key install on a server：网络版客户端安装选项。

(4) 单机版的安装。

① 进入 Product Licence Key 设置窗口，如果以前未安装过 Licence，则出现如图 1-3 所示界面。

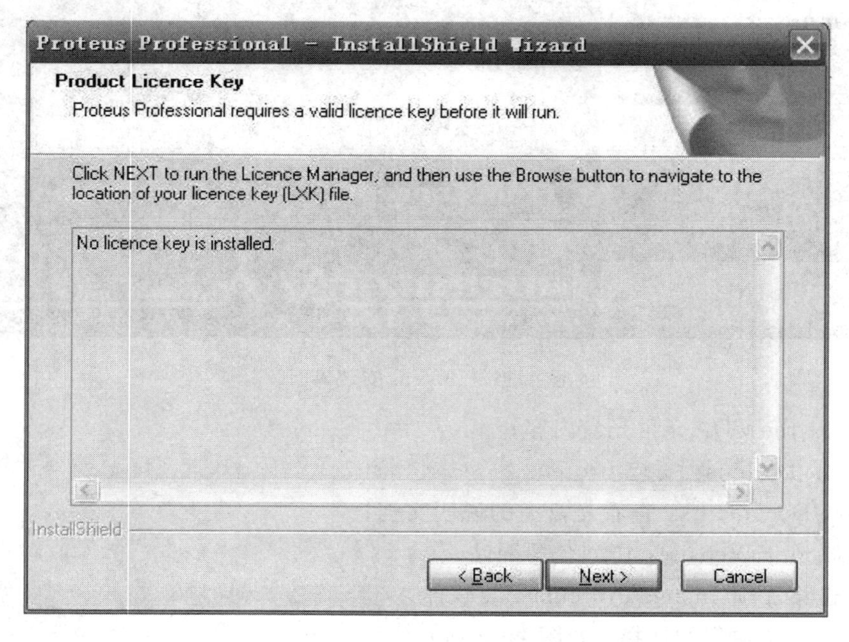

图 1-3　Proteus 安装 Licence 提示界面

② 点击“Next”进入 Licence Manager，进行 Licence Key 的安装，如图 1-4 所示。

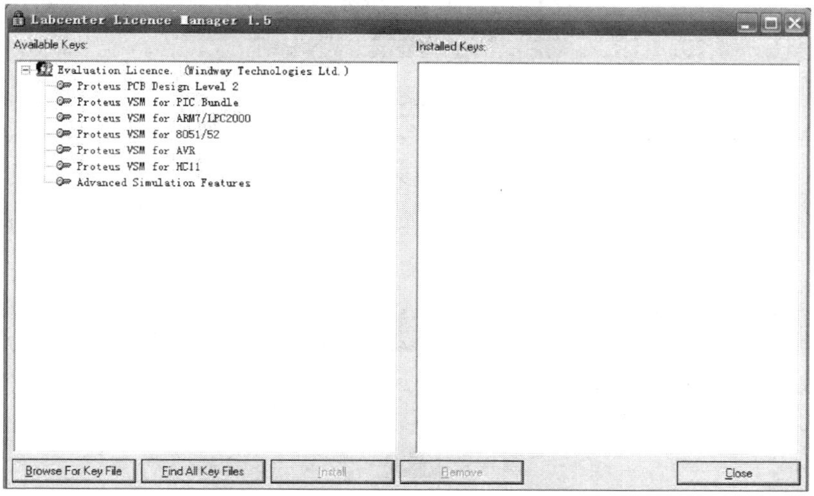

图 1-4　Proteus 安装 Licence Key 查找界面

点击“Browse For Key File”寻找 Licence Key(此 Licence Key 在光盘对应的 Licence 文件夹下)，选中对应 Licence Key，单击 Install，当 Licence Key 显示于右边视窗中时，表示 Licence Key 安装完毕。点击“Close”，系统弹出如图 1-5 所示对话框，用于显示该 Licence Key 的相关信息。

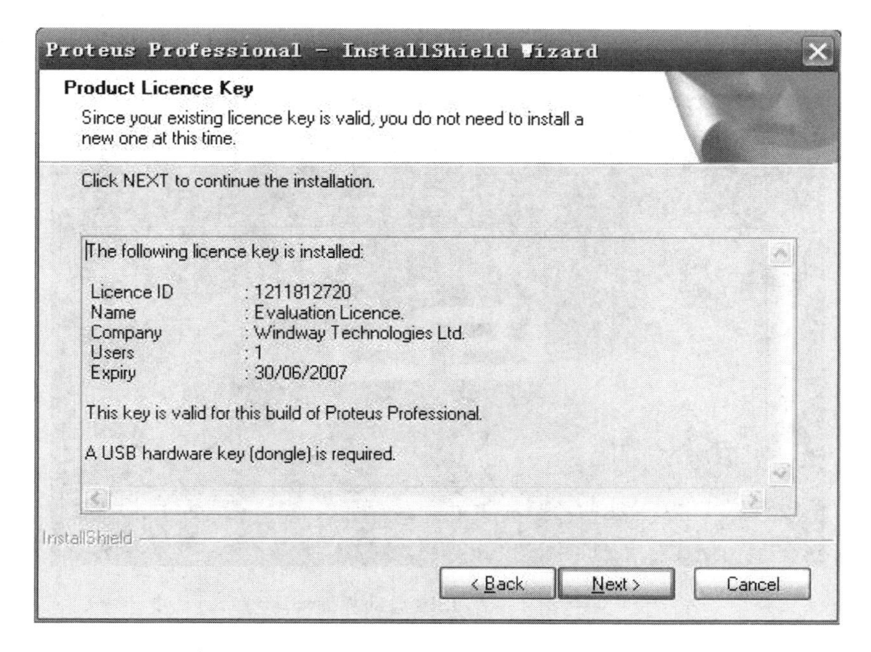

图 1-5　Proteus 安装 Licence 相关信息提示界面

③ 按照提示，选好安装路径，进行 Proteus 的安装。

④ 安装过程中，出现 USB 硬件加密狗驱动安装的提示，此时应确保加密狗未插在计算机上，如图 1-6 所示。

图 1－6　Proteus 安装未插入加密狗提示界面

⑤ 显示加密狗驱动安装完成，提示现在可以将 Proteus USB 加密狗插入到空闲的 USB 插槽中，如图 1－7 所示。插入加密狗后红色指示灯亮，安装完成。

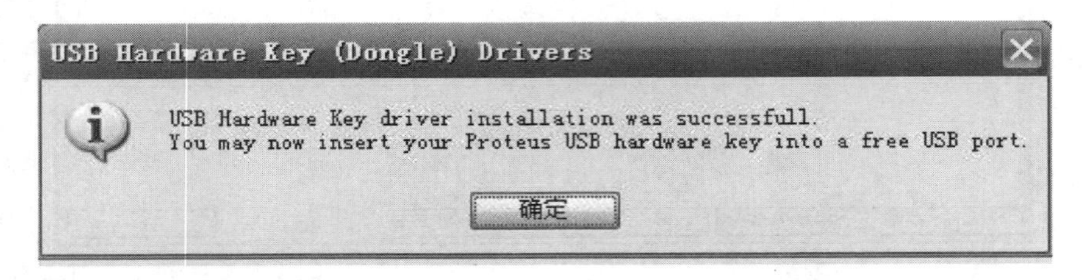

图 1－7　Proteus 安装插入加密狗提示界面

1.3　Proteus ISIS 原理图设计工作界面

双击桌面上的 ISIS 6 Professional 图标或者单击屏幕左下方的【开始】→【程序】→【Proteus 6 Professional】→【ISIS 6 Professional】，出现如图 1－8 所示界面，表明进入 Proteus ISIS集成环境。

图 1－8　ISIS 启动界面

Proteus ISIS 的工作界面是一种标准的 Windows 界面，如图 1－9 所示。界面包括标题栏、主菜单、标准工具栏、绘图工具栏、状态栏、对象选择按钮、预览对象方位控制按钮、仿真进程控制按钮、预览窗口、对象选择器窗口、图形编辑窗口等。

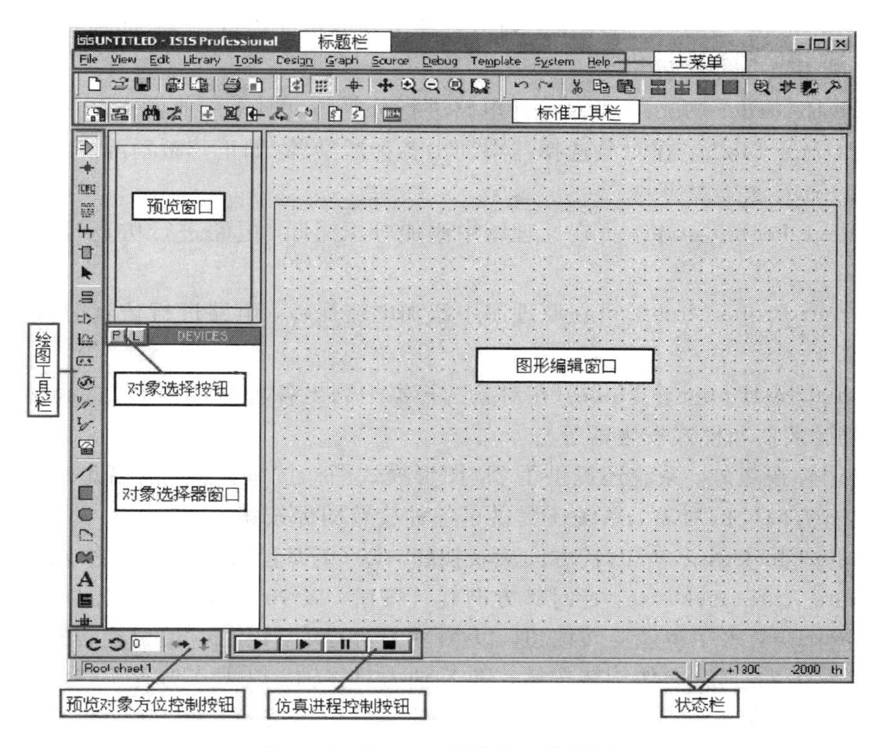

图 1-9　Proteus ISIS 的工作界面

其中，图形编辑窗口用于放置元器件，进行连线，绘制原理图；预览窗口可以显示全部原理图。在预览窗口中有两个框，蓝框表示当前页的边界，绿框表示当前编辑窗口显示的区域。当从对象选择器中选中一个新的对象时，预览窗口可以预览选中的对象。在预览窗口上单击，Proteus ISIS 将会以单击位置为中心刷新图形编辑窗口。其他情况下，预览窗口显示将要放置的对象。在预览窗口下方是对象选择器，用来选择器件、符号和其他库对象。

1.3.1　工具箱

选择相应的工具箱图标按钮，系统将提供不同的操作工具。对象选择器根据选择的不同工具箱图标按钮决定当前状态显示的内容。显示对象的类型包括元器件、终端、引脚、图形符号、标注和图表等。工具箱中各图标按钮对应的操作如下：

☆ Selection Mode：选择模式；

☆ Component Mode：拾取元器件；

☆ Junction Dot Mode：放置节点；

☆ Wire Lable Mode：标注线段或网络名；

☆ Text Script Mode：输入文本；

☆ Buses Mode：绘制总线；

☆ Subcircuit Mode：绘制子电路；

☆ Terminals Mode：在对象选择器中列出各种终端(输入、输出、电源和地等)；

☆ Device Pins Mode：在对象选择器中列出各种引脚(如普通引脚、时钟引脚、反电压引脚和短接引脚等)；

☆ Graph Mode：在对象选择器中列出各种仿真分析所需的图表（如模拟图表、数字图表、混合图表和噪声图表等）；

☆ Tape Recorder Mode：当对设计电路进行分割仿真时采用此模式；

☆ Generator Mode：在对象选择器中列出各种激励源（如正弦激励源、脉冲激励源、指数激励源和 FILE 激励源等）；

☆ Voltage Probe Mode：可在原理图中添加电压探针，电路进行仿真时可显示各探针处的电压值；

☆ Current Probe Mode：可在原理图中添加电流探针，电路进行仿真时可显示各探针处的电流值；

☆ Virtual Instruments Mode：在对象选择器中列出各种虚拟仪器（如示波器、逻辑分析仪、定时/计数器和模式发生器等）。

除上述图标按钮外，系统还提供了 2D 图形模式图标按钮，基于篇幅此处不再介绍。

对于具有方向性的对象，系统还提供了各种旋转图标按钮：

☆ Rotate Clockwise：顺时针方向旋转按钮，以 90°偏置改变元器件的放置方向；

☆ Rotate Anti-clockwise：逆时针方向旋转按钮，以 90°偏置改变元器件的放置方向；

☆ X-mirror：水平镜像旋转按钮，以 Y 轴为对称轴，以 180°偏置旋转元器件；

☆ Y-mirror：垂直镜像旋转按钮，以 X 轴为对称轴，以 180°偏置旋转元器件。

另外，在某些状态下，对象选择器有一个“Pick”切换按钮，单击该按钮可以弹出 Pick Devices、Pick Port、Pick Terminals、Pick Pins 或 Pick Symbols 窗体，通过不同窗体，可以分别添加元器件端口、终端、引脚等到对象选择器中，以便在今后的绘图中使用。

1.3.2　主菜单

Proteus ISIS 的主菜单栏包括 File（文件）、View（视图）、Edit（编辑）、Library（库）、Tools（工具）、Design（设计）、Graph（图形）、Source（源）、Debug（调试）、Template（模板）、System（系统）和 Help（帮助），单击任一菜单后都将弹出其子菜单项。具体说明如下：

☆ File 菜单：包括常用的文件功能，如新建设计、打开设计、保存设计、导入/导出文件，也可打印、显示设计文档，以及退出 Proteus ISIS 系统等；

☆ View 菜单：包括是否显示网格、设置格点间距、缩放电路图及显示与隐藏各种工具栏等；

☆ Edit 菜单：包括撤销/恢复操作，查找与编辑元器件，剪切、复制、粘贴对象，以及设置多个对象的层叠关系等；

☆ Library 菜单：库操作菜单，具有选择元器件及符号、制作元器件及符号、设置封装工具、分解元件、编译库、自动放置库、校验封装和调用库管理器等功能；

☆ Tools 菜单：工具菜单，包括实时注解、自动布线、查找并标记、属性分配工具、全局注解、导入文本数据、元器件清单、电气规则检查、编译网络标号、编译模型、将网络标号导入 PCB 以及从 PCB 返回原理设计等工具栏；

☆ Design 菜单：工程设计菜单，具有编辑设计属性、编辑原理图属性、编辑设计说明、配置电源、新建/删除原理图、在层次原理图中总图与子图以及各子图之间互相跳转和设计目录管理等功能；

☆ Graph 菜单：图形菜单，具有编辑仿真图形、添加仿真曲线、仿真图形、查看日志、导出数据、清除数据和一致性分析等功能；

☆ Source 菜单：源文件菜单，具有添加/删除源文件、定义代码生成工具、设置外部文本编辑器和编译等功能；

☆ Debug 菜单：调试菜单，包括启动调试、执行仿真、单步运行、断点设置和重新排布弹出窗口等功能；

☆ Template 菜单：模板菜单，包括设置图形格式、文本格式、设置颜色、连接点、图形等；

☆ System 菜单：系统设置菜单，包括设置系统环境、路径、图纸尺寸、标注字体、热键以及仿真参数和模式等；

☆ Help 菜单：帮助菜单，包括版权信息、Proteus ISIS 学习教程和示例等。

1.3.3 主工具栏

Proteus ISIS 的主工具栏位于主菜单下面两行，以图标形式给出，包括 File 工具栏、View 工具栏、Edit 工具栏和 Design 工具栏四个部分。工具栏中每一个按钮都对应一个具体的菜单命令，主要目的是为了快捷而方便地使用命令。主工具栏按钮功能对应菜单如下：

File→New Design 新建设计　　File→Open Design 打开设计
File→Save Design 保存设计　　File→Import Section 导入部分文件
File→Export Section 导出部分文件　　File→Print 打印
File→Set Area 设置区域　　View→Redraw 刷新
View→Grid 栅格开关　　View→Origin 原点
View→Pan 选择显示中心　　View→Zoom In 放大
View→Zoom Out 缩小　　View→Zoom All 显示全部
View→Zoom to Area 缩放一个区域　　Edit→Undo 撤销
Edit→Redo 恢复　　Edit→Cut to clipboard 剪切
Edit→Copy to clipboard 复制　　Edit→Paste from clipboard 粘贴
Block Copy(块)复制　　Block Move(块)移动
Block Rotate(块)旋转　　Block Delete(块)删除
Library→Pick Device/Symbol 拾取元器件或符号
Library→Make Device 制作元器件　　Library→Packaging Tool 封装工具
Library→Decompose 分解元器件　　Tools→Wire Auto Router 自动布线器
Tools→Search and Tag 查找并标记
Tools→Property Assignment Tool 属性分配工具
Design→Design Explorer 设计资源管理器
Design→New Sheet 新建图纸　　Design→Remove Sheet 移去图纸
Exit to Parent Sheet 转到主原理图　　View BOM Report 查看元器件清单
Tools→Electrical Rule Check 生成电气规则检查报告
Tools→Netlist to ARES 创建网络表

1.4　Proteus ISIS 窗口

1.4.1　图形编辑窗口

1. 电路原理图的编辑和绘制

在图形编辑窗口内主要完成电路原理图的编辑和绘制，具体操作如下：

1）坐标系统(Co－ordinate System)

ISIS 中坐标系统的基本单位是 10 nm，主要是为了和 Proteus ARES 保持一致。但坐标系统的识别(read－out)单位被限制在 1 th。坐标原点默认在图形编辑区的中间，图形的坐标值显示在屏幕的右下角的状态栏中。

2）点状栅格(The Dot Grid)与捕捉到栅格(Snapping to a Grid)

编辑窗口内有点状的栅格，可以通过 View 菜单的 Grid 命令在打开和关闭间进行切换。点与点之间的间距由当前捕捉的设置决定。捕捉的尺度可以由 View 菜单的 Snap 命令设置，或者直接使用快捷键 F4、F3、F2 和 Ctrl＋F1。例如，键入 F3 或者单击 View 菜单中的 Snap 100th 选项，如图 1－10 所示。

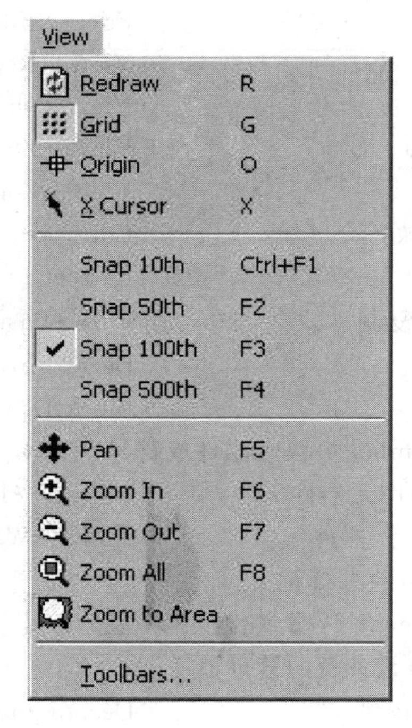

图 1－10　View 菜单

请注意：鼠标在图形编辑窗口内移动时，坐标值以固定步长 100th 变化，这称为捕捉。如果想要确切地看到捕捉位置，可以使用 View 菜单的 X－Cursor 命令，选中后将会在捕捉点显示一个小的或大的交叉十字。

3）实时捕捉(Real Time Snap)

当鼠标指针指向管脚末端或者导线时，鼠标指针将会捕捉到这些物体，这种功能被称为实时捕捉，该功能可以方便地实现导线和管脚的连接。可以通过 Tools 菜单的 Real Time Snap 命令或者是 Ctrl＋S 切换该功能。

2. 编辑窗口的显示

对于编辑窗口的显示可以通过两种途径改变：缩放及平移。具体细节如下：

1）缩放

有如下几种方式缩放原理图：

☆ 鼠标移动需要缩放的地方，滚动滚轮缩放；

☆ 鼠标移动需要缩放的地方，按快捷键 F6 放大，F7 缩小；

☆ 按下 Shift 键，鼠标左键拖曳出需要放大的区域；

☆ 使用工具条中的 Zoom in(放大)、Zoom Out(缩小)、Zoom All(全图)、Zoom Area(放大区域)进行操作；

☆ 按 F8 键可以在任何时候显示整张图纸；

☆ Shift Zoom 及滚轮均可应用于预览窗口，在预览窗口进行操作时，编辑窗口将有相应变化。

2）平移

有如下几种方式在编辑窗口进行平移操作：

☆ 按下鼠标滚轮，出现✥光标，表示图纸已经处于提起状态，可以进行平移；

☆ 鼠标置于要平移到的地方，按快捷键 F5 进行平移；

☆ 按下 Shift 键，在编辑窗口移动鼠标，进行平移(Shift Pan)；

☆ 如果想要平移至相距比较远的地方，最快捷的方式是在预览窗口点击显示该区域；

☆ 使用工具栏 Pan 按钮进行平移；

☆ 在图纸提起状态下，也可使用鼠标滚轮进行缩放操作。

1.4.2 预览窗口

预览窗口通常显示整个电路图的缩略图。在预览窗口上单击鼠标左键，将会有一个矩形蓝绿框标示出在编辑窗口中显示的区域。其他情况下，预览窗口显示将要放置的对象的预览。这种 Place Preview 特性在下列情况下被激活：

☆ 当一个对象在选择器中被选中；

☆ 当使用旋转或镜像按钮时；

☆ 当为一个可以设定朝向的对象选择类型图标时(例如 Component icon、Device Pin icon)；

当放置对象或者执行其他非以上操作时，Place Preview 会自动消除。

1.4.3 对象选择器窗口

对象选择器(Object Selector)根据由图标决定的当前状态显示不同的内容。显示对象的类型包括设备、终端、管脚、图形符号、标注和图形。在某些状态下，对象选择器有一个

Pick 切换按钮，点击该按钮可以弹出库元件选取窗体。通过该窗体可以选择元件并置入对象选择器，便于在今后绘图时使用。

1.5　图形编辑的基本操作

1.5.1　Proteus ISIS 的编辑环境设置

Proteus ISIS 编辑环境的设置主要指模板的选择、图纸的选择、图纸设置和格点设置。绘制电路图首先要选择模板，模板控制电路图外观的信息，比如图形格式、文本格式、设计颜色、线条连接点大小和图形等；然后设置图纸，如设置纸张的型号、标注的字体等。具体操作如下。

1. 选择模板，编辑设计的默认选项

Proteus ISIS 主界面中选择[Template]→[Set Design Defaults]菜单项，可以设置纸张、格点等项目的颜色，设置电路仿真时正、负、地、逻辑/高低等项目的颜色，设置隐藏对象的显示与否及颜色，还可以设置编辑环境的默认字体等。

(1) 编辑图形颜色选择：[Template]→[Set Graph Colours]菜单项，可对 Graph Outline(图形轮廓线)、Background(底色)、Graph Title(图形标题)、Graph Text(图形文本)等按用户期望的颜色进行设置，同时也可对 Analogue Traces(模拟跟踪曲线)和不同类型的 Digital Traces(数字跟踪曲线)进行设置。

(2) 编辑图形的全局风格：[Template]→[Set Graph Styles]菜单项，可以设置图形的全局风格，如线型、线宽、线的颜色及图形的填充色等。例如，在“Style”下拉列表框中可以选择不同的系统图形风格。

(3) 编辑全局文本风格：[Template]→[Set Text Styles]菜单项，在“Font face”下拉列表框中可选择字体，还可设置字体的高度、颜色以及是否加粗、倾斜、加下划线等；在“Sample”区域可以预览设置后的字体风格。同理，单击“New”按钮可创建新的图形文本风格。

(4) 编辑图形字体格式：[Template]→[Set Graphics Text]菜单项，在“Font face”列表框中可选择图形文本的字体类型，在“Text Justification”选项区域可选择字体在文本框中的水平位置、垂直位置，在“Effects”选项区域可选择字体的效果，如加粗、倾斜、加下划线等，而在“Character Sizes”选项区域，可设置字体的高度和宽度。

(5) 设置节点：选择[Template]→[Set Junction Dots]菜单项，将弹出编辑节点对话框，在该对话框中可设置节点的大小及形状。单击“OK”按钮，即可完成对节点的设置。

注意：模板的改变只影响当前运行的 Proteus ISIS，尽管这些模板有可能被保存后在别的设计中调用。为了使这一改变在新建设计时依然有效，用户必须用保存为默认模板的命令更新默认的模板，该命令在“Template”菜单的下一级，即[Template]→[Save Default Template]。

2. 选择图纸

在 Proteus ISIS 主界面选择[System]→[Set Sheet Sizes]菜单项，在出现的对话框中用户可选择图纸的大小或自定义图纸的大小。

3. 设置文本编辑器

在 Proteus ISIS 主界面中选择[System]→[Set Text Editor]菜单项，在出现的对话框中可以对文本的字体、字形、大小、效果和颜色等进行设置。

4. 设置格点

在设计电路图时，图纸上的格点既有利于放置元器件和连接线路，也方便元器件的对齐和排列。在主界面中选择[View]→[Grid]菜单项可以设置编辑窗口中的格点显示与否；选择[View]→[Snap 10th]或[Snap 50th]菜单项等可以设置格点的间距。

5. 设置路径

选择[System]→[Set Paths]菜单项，出现路径设置对话框。该对话框包括如下设置：

☆ Initial folder is taken from Windows：从窗口中选择初始文件夹；

☆ Initial folder is always the same one that was used last：初始文件夹为最后一次使用过的文件夹；

☆ Initial folder is always the following：初始文件夹为下面的文本框中输入的路径；

☆ Template folders：模板文件夹路径；

☆ Library folders：库文件夹路径；

☆ Simulation Model and Module Folders：仿真模型及模块文件夹路径；

☆ Path to folder for simulation results：仿真结果的存放文件夹路径；

☆ Limit maximum disk space used for simulation result(Kilobytes)：仿真结果占用的最大磁盘空间(KB)。

6. 仿真电路设置

选择[System]→[Set Animation Options]菜单项，即可打开仿真电路设置对话框，在该对话框中可以设置仿真速度、电压、电流的范围，同时还可设置仿真电路的其他功能。

☆ Show Voltage & Current on Probes：是否在探测点显示电压值与电流值；

☆ Show Logic State of Pins：是否显示引脚的逻辑状态；

☆ Show Wire Voltage by Colour：是否用不同颜色表示导线的电压；

☆ Show Wire Current with Arrows：是否用箭头表示导线上的电流方向。

除了以上所述以外，还有 Proteus ISIS 的系统参数设置、系统运行环境设置、键盘快捷方式设置。基于篇幅，这里不再叙述。

1.5.2 Proteus ISIS 的对象操作

1. 选取元件

进入到器件库中有两种方式：

(1) 点击对象选择器上方的“P”按钮(快捷键 P)，如图 1-11 所示。

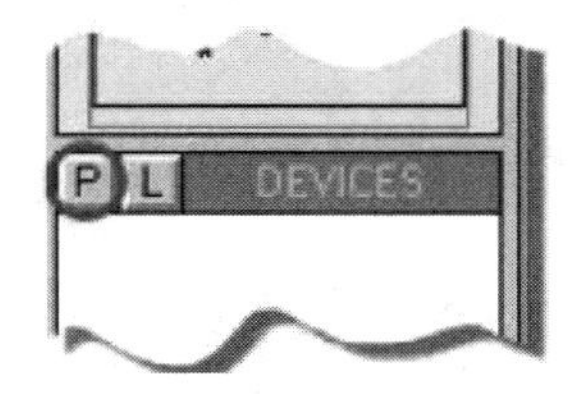

图 1-11　从对象选择器选取元件界面

下面以添加单片机 AT89C51 为例来说明如何将元器件添加到编辑窗口。

点击工具箱的元器件按钮，使其选中，再点击 ISIS 对象选择器左边中间位置“P”按钮，出现“Pick Devices” 对话框，如图 1-12 所示。在这个对话框里可以选择元器件和一些虚拟仪器。在“Gategory(器件种类)”下面，找到“Microprocessor ICs”选项，鼠标左键点击一下，在对话框的右侧，会显示大量常见的各种单片机芯片型号。找到单片机 AT89C51，双击“AT89C51”，这样在左边的对象选择器中就会出现 AT89C51 这个元件。点击这个元件，然后把鼠标指针移到右边的原理图编辑区的适当位置，点击鼠标的左键，就把 AT89C51 放到了原理图编辑区。

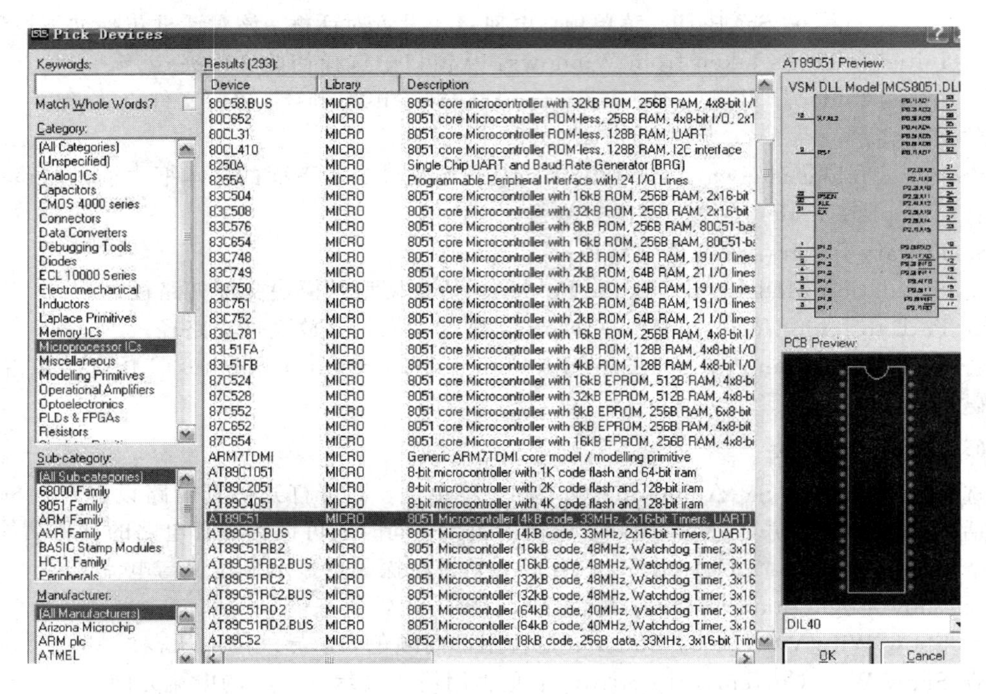

图 1-12　选取元器件窗口中的元器件列表

(2) 在编辑窗口空白处点击右键，选择[Place]→[Component]→[From Libraries]，进入器件库中，如图 1-13 所示。

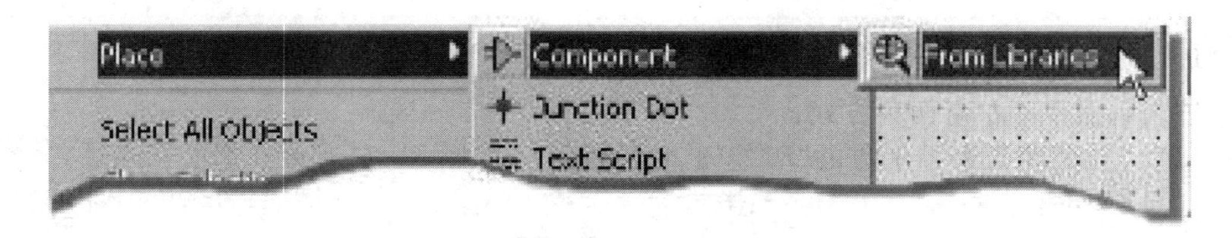

图 1-13　由菜单进入器件库界面

进入库以后，直接在“Keywords”对话框中输入名称或描述进行查找。比如输入 741，再选择“Operational Amplifiers”类，就可以得到如图 1-14 所示的查询结果。

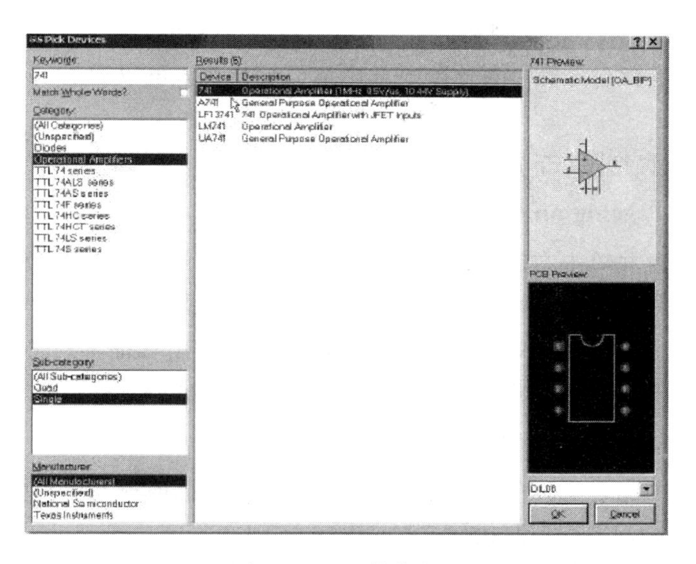

图 1-14　元件库窗口

注意：可以通过右键勾选在库浏览器结果列表中显示的信息，比如类别、子类、生产厂商及库等信息。最后，双击选中器件，该器件将会添加到对象选择器中。

2. 放置电源及接地符号

单击工具箱的终端按钮，对象选择器中将出现一些接线端，如图 1-15 所示。

在对象选择器里分别点击图 1-15 左侧的“TERMINALS”栏下的“POWER”与“GROUND”，再将鼠标移到原理图编辑区，左键点击一下即可放置电源符号和接地符号。

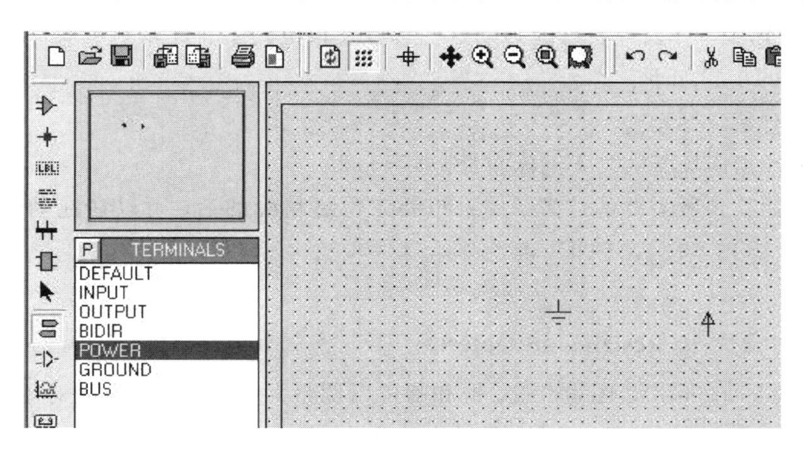

图 1-15　放置电源和接地符号

3. 对象放置(Object Placement)

放置对象的步骤如下：

(1) 根据对象的类别在工具箱选择相应模式的图标(mode icon)。

(2) 根据对象的具体类型选择子模式图标(sub-mode icon)。

(3) 如果对象类型是元件、端点、管脚、图形、符号或标记，从选择器(selector)选择对象的名字。对于元件、端点、管脚和符号，需要先从库中调出。

(4) 如果对象是有方向的，将会在预览窗口显示出来，可以通过预览对象方位按钮对对象进行调整。

(5) 指向编辑窗口并点击鼠标左键放置对象。

4. 选中对象(Tagging an Object)

用鼠标指向对象并单击右键可以选中该对象。该操作选中对象并使其高亮显示，然后可以进行编辑。选中对象时，该对象上的所有连线同时被选中。要选中一组对象，可以依次在每个对象右击来选中每个对象，也可以通过右键拖出一个选择框，完全位于选择框内的对象可以被选中。在空白处单击鼠标右键可以取消所有对象的选择。

5. 删除对象(Deleting an Object)

用鼠标指向选中的对象并单击右键可以删除该对象，同时删除该对象的所有连线。

6. 拖动对象(Dragging an Object)

用鼠标指向选中的对象并用左键拖曳可以拖动该对象。该方式不仅对整个对象有效，而且对对象中单独的 labels 也有效。如果 Wire Auto Router 功能被使能的话，被拖动对象上所有的连线将会重新排布或者“fixed up”。这将花费一定的时间(10 秒左右)，尤其在对象有很多连线的情况下，这时鼠标指针将显示为一个沙漏。如果错误拖动了一个对象，所有的连线都变为一团糟，则可以使用 Undo 命令撤销操作，恢复原来的状态。

7. 拖动对象标签(Dragging an Object Label)

许多类型的对象有附着一个或多个属性标签。例如，每个元件有一个“reference”标签和一个“value”标签。可以很容易地移动这些标签使得电路图看起来更美观。

移动标签的步骤如下：

(1) 选中对象。

(2) 用鼠标指向标签，按下鼠标左键。

(3) 拖动标签到所需要的位置。如果想要定位更精确的话，可以在拖动时改变捕捉的精度(使用 F4、F3、F2、Ctrl+F1 键)。

(4) 释放鼠标。

8. 调整对象大小(Resizing an Object)

子电路(Sub-circuits)、图表、线、框和圆可以调整大小。当选中这些对象时，对象周围会出现黑色小方块叫做“手柄”，可以通过拖动这些“手柄”来调整对象的大小。

调整对象大小的步骤如下：

(1) 选中对象。

(2) 如果对象可以调整大小，对象周围会出现“手柄”。

(3) 用鼠标左键拖动这些“手柄”到新的位置，可以改变对象的大小。在拖动的过程中手柄会消失以便不和对象的显示混叠。

9. 调整对象的朝向(Reorienting an Object)

许多类型的对象可以调整朝向为0、90、270、360(角度)，或通过X轴、Y轴镜像。当该类型对象被选中后，“Rotation and Mirror”图标会从蓝色变为红色，然后就可以来改变对象的朝向。

调整对象朝向的步骤如下：

(1) 选中对象。

(2) 用鼠标左键点击Rotation图标可以使对象逆时针旋转，用鼠标右键点击Rotation图标可以使对象顺时针旋转。

(3) 用鼠标左键点击Mirror图标可以使对象按X轴镜像，用鼠标右键点击Mirror图标可以使对象按Y轴镜像。

当Rotation and Mirror图标是红色时，操作它们将会改变某个对象。当图标是红色时，首先要取消对象的选择，此时图标会变成蓝色，说明现在可以“安全”地调整新对象了。

10. 编辑对象(Editing an Object)

许多对象具有图形或文本属性，这些属性可以通过一个对话框进行编辑，这是一种很常见的操作，有多种实现方式。

(1) 编辑单个对象的步骤：

① 选中对象。

② 用鼠标左键点击对象。

(2) 连续编辑多个对象的步骤：

① 选择Main Mode图标，再选择Instant Edit图标。

② 依次用鼠标左键点击各个对象。

(3) 以特定的编辑模式编辑对象的步骤：

① 指向对象。

② 使用键盘Ctrl+“E”。

对于文本脚本来说，将启动外部的文本编辑器。如果鼠标没有指向任何对象的话，该命令将对当前的图进行编辑。

(4) 通过元件的名称编辑元件的步骤：

① 键入“E”。

② 在弹出的对话框中输入元件的名称(part ID)，确定后将会弹出该项目中任何元件的编辑对话框，并非只限于当前sheet的元件。编辑完后，画面将会以该元件为中心重新显示。注意：可以通过该方式来定位一个元件，即使不对其进行编辑。

(5) 编辑对象标签(Editing An Object Label)

元件、端点、线和总线标签都可以如同元件一样编辑。编辑单个对象标签的步骤：

① 选中对象标签。

② 用鼠标左键点击对象。

(6) 连续编辑多个对象标签的步骤：

① 选择 Main Mode 图标，再选择 Instant Edit 图标。

② 依次用鼠标左键点击各个标签。

选择任何一种方式，都将弹出一个带有 Label and Style 栏的对话框窗体。

11. 拷贝所有选中的对象(Copying all Tagged Objects)

拷贝一整块电路的方式：

(1) 选中需要的对象，具体的方式参照上文的 Tagging an Object 部分。

(2) 用鼠标左键点击 Copy 图标。

(3) 把拷贝的轮廓拖到需要的位置，点击鼠标左键放置拷贝。

(4) 重复步骤(3)放置多个拷贝。

(5) 点击鼠标右键结束。

当一组元件被拷贝后，它们的标注自动重置为随机态，用来为下一步的自动标注做准备，防止出现重复的元件标注。

12. 移动所有选中的对象(Moving all Tagged Objects)

移动一组对象的步骤：

(1) 选中需要的对象，具体的方式参照上文的 Tagging an Object 部分。

(2) 把轮廓拖到需要的位置，点击鼠标左键放置。

13. 删除所有选中的对象(Deleting all Tagged Objects)

删除一组对象的步骤：

(1) 选中需要的对象。

(2) 用鼠标左键点击 Delete 图标。

1.5.3　Proteus ISIS 的画线操作

1. 画导线(Wire Placement)

Proteus ISIS 没有画线的图标按钮，因为 ISIS 的智能化使得在画线时能够自动检测。在两个对象间连线的步骤如下：

(1) 左击第一个对象连接点。

(2) 左击另一个连接点。(如果想自己决定走线路径，只需在拐点处点击鼠标左键。)

由于一般都希望能连接到现有的线上，ISIS 也将线视作连续的连接点，因此，一个连接点意味着 3 根线交汇于一点。ISIS 提供了一个圆点。避免由于错漏点而引起的混乱。在此过程的任何一个阶段，都可以按 Esc 键来放弃画线。

2. 画总线

为了简化原理图，可以用一条导线代表数条并行的导线，这就是所谓的总线。点击工具箱的总线按钮，或者单击放置工具条中的总线图标或执行 Place/Bus 菜单命令，即可在编辑窗口画总线。这时工作平面上将出现十字形光标，将十字形光标移至要连接的总线分支处单击鼠标左键，系统弹出十字形光标并拖着一条较粗的线，然后将十字形光标移至另一个总线分支处，单击鼠标的左键，一条总线就画好了。

3. 画总线分支线

点击工具按钮，画总线分支线，它是用来连接总线和元器件管脚的。画总线的时候，为了和一般的导线区分，一般画斜线来表示分支线，但是这时如果WAR功能打开是不行的，需要把WAR功能关闭。画好分支线还需要给分支线起名字。右键点击分支线选中它，接着左键点击选中的分支线就会出现分支线编辑对话框，在此可命名总线分支。总线同端是连接在一起的，放置分支线名字的方法是用鼠标单击连线工具条中的图标或者执行[Place]→[Net Label]菜单命令，这时光标变成十字形并且将有一虚线框在工作区内移动，再按一下键盘上的"Tab"键，系统弹出网络标号属性对话框，在Net项定义网络标号比如PB0，单击"OK"，将设置好的网络标号放在短导线上(上面)，单击鼠标左键即可将之定位。

4. 线路自动路径器(Wire Auto-Router)

线路自动路径器(WAR)可省去必须标明每根线具体路径的麻烦。该功能默认是打开的，但可通过两种途径方式略过该功能：

(1) 如果点了一个连接点，然后点一个或几个非连接点的位置，ISIS将认为处在手工定线的路径，这就要点击线的路径的每个角，最后路径是通过左击另一个连接点来完成的(如果只是在两个连接点左击，WAR将自动选择一个合适的线径)。

(2) WAR可通过使用工具菜单里的[WAR]命令来关闭。

5. 拖线(Dragging Wires)

尽管使用线一般有连接和拖的方法，但也有一些特殊方法可以使用。如果拖动线的一个角，那该角就随着鼠标指针移动。如果鼠标指向一个线段的中间或两端，就会出现一个角，然后可以拖动。

注意：为了使后者能够工作，线所连的对象不能有标示，否则ISIS会认为想拖该对象。也可使用块移动命令来移动线段或线段组。

1.6　电路原理图的设计流程

电路原理图的具体设计步骤如下：

(1) 新建设计文档。在进入原理图设计之前，首先要构思好原理图，即必须知道所设计的项目需要哪些电路来完成，用何种模板；然后在Proteus ISIS编辑环境中画出电路原理图。

(2) 设置工作环境。根据实际电路的复杂程度来设置图纸的大小等。在电路图设计的整个过程中，图纸的大小可以不断地调整。设置合适的图纸大小是完成原理图设计的第一步。

(3) 放置元器件。首先从添加元器件对话框中选取需要添加的元器件，将其布置到图纸的合适位置，并对元器件的名称、标注进行设定；再根据元器件之间的走线等对元器件在工作平面上的位置进行调整和修改，使得原理图美观、易懂。

(4) 对原理图进行布线。根据实际电路的需要，利用Proteus ISIS编辑环境所提供的各种工具、命令进行布线，将工作平面上的元器件用导线连接起来，构成一幅完整的电路原理图。

（5）建立网络表。在完成上述步骤之后，即可看到一张完整的电路图，但要完成印制版电路的设计，还需要生成一个网络表文件。网络表是印制版电路与电路原理图之间的纽带。

（6）原理图的电气规则检查。当完成原理图布线后，利用Proteus ISIS编辑环境所提供的电气规则检查命令对设计进行检查，并根据系统提示的错误检查报告修改原理图。

（7）调整。如果原理图已通过电气规则检查，那么原理图的设计就完成了，但是对于一般电路设计而言，尤其是较大的项目，通常需要对电路进行多次修改才能通过电气规则检查。

（8）存盘和输出报表。Proteus ISIS提供了多种报表输出格式，同时可以对设计好的原理图和报表进行存盘和输出打印。

1.7　Keil C与Proteus连接调试示例

下面以一个简单的实例来完整地显示Keil C与Proteus相结合的仿真过程。

单片机电路设计如图1-16所示。电路的核心是单片机AT89C51。单片机的P1口八个引脚接LED显示器的段选码(a、b、c、d、e、f、g、dp)的引脚，单片机的P2口六个引脚接LED显示器的位选码(1、2、3、4、5、6)的引脚，电阻起限流作用，实现LED显示器的选通并显示字符。

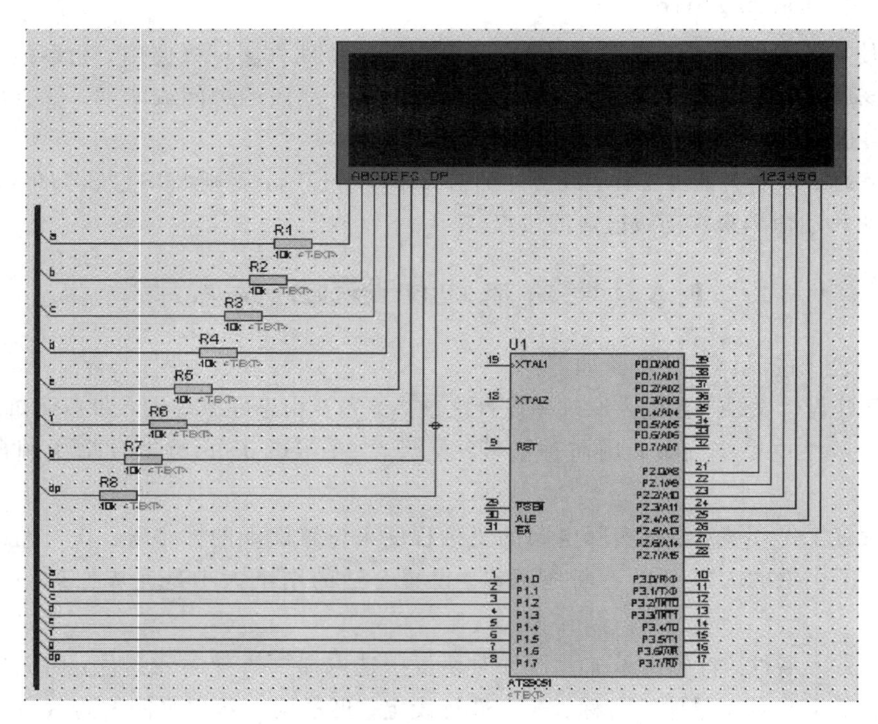

图1-16　单片机电路设计图

1.7.1　电路图的绘制

1. 将所需元器件加入到对象选择器窗口(Picking Components into the Schematic)

单击对象选择器按钮 P，如图 1-17 所示。

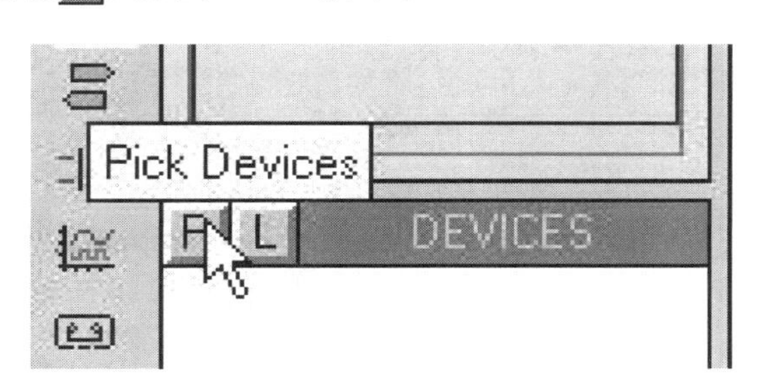

图 1-17　选取元件界面

弹出"Pick Devices"页面，在"Keywords"中输入 AT89C51，系统在对象库中进行搜索查找，并将搜索结果显示在"Results"中，如图 1-18 所示。

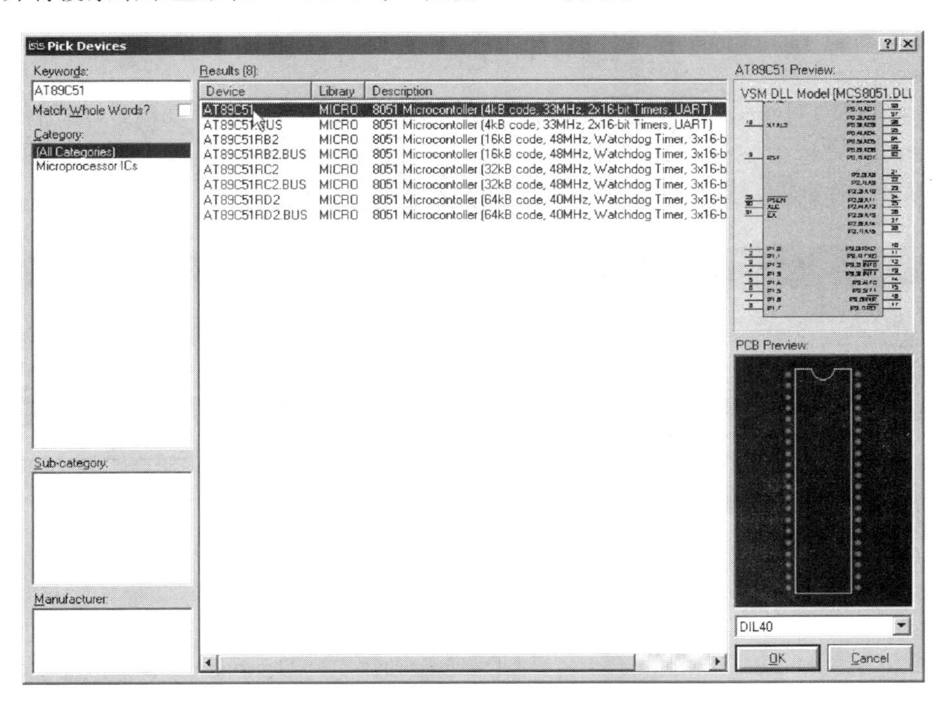

图 1-18　选取单片机型号窗口

在"Results"栏中的列表项中，双击"AT89C51"，则可将"AT89C51"添加至对象选择器窗口。接着在"Keywords"栏中重新输入 7SEG，再双击"7SEG-MPX6-CA-BLUE"，则可将"7SEG-MPX6-CA-BLUE"(6 位共阳 7 段 LED 显示器)添加至对象选择器窗口，如图 1-19 所示。

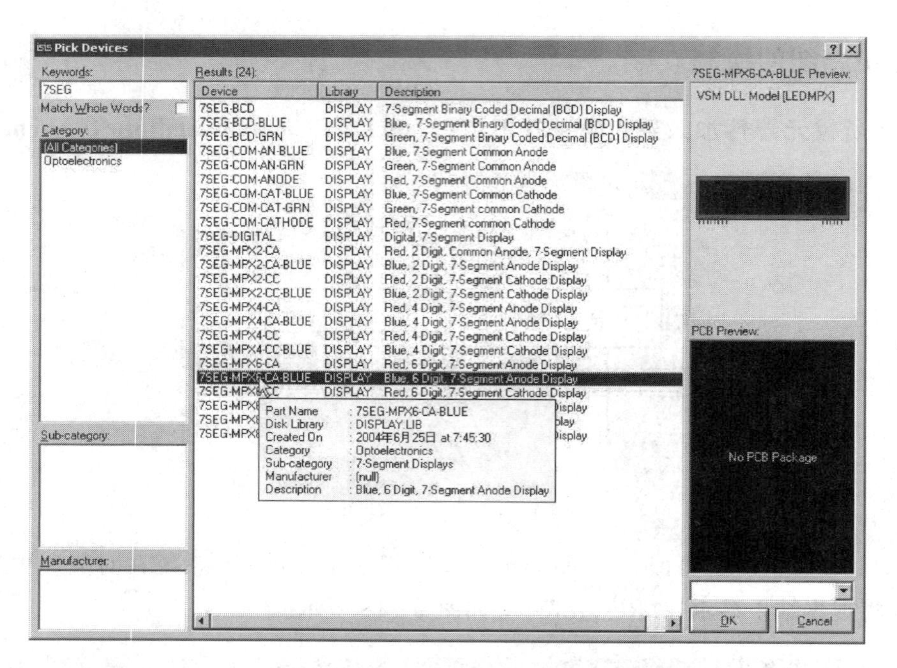

图 1－19　选取 LED 窗口

最后，在“Keywords”栏中重新输入 RES，选中“Match Whole Words”，如图 1－20 所示。在“Results”栏中获得与 RES 完全匹配的搜索结果。双击“RES”，则可将“RES”（电阻）添加至对象选择器窗口。单击“OK”按钮，结束对象选择。

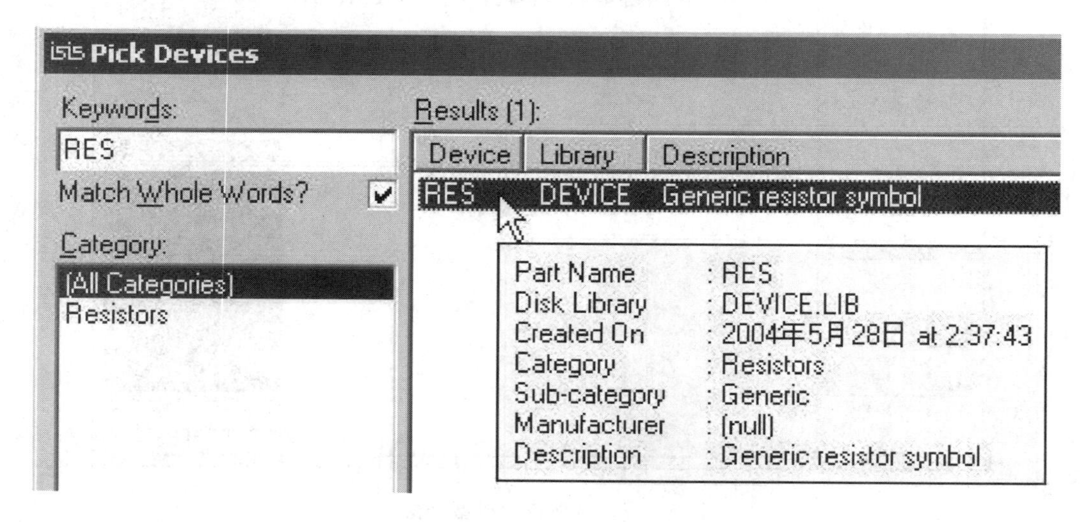

图 1－20　选取电阻窗口

经过以上操作，在对象选择器窗口中已有了 7SEG－MPX6－CA－BLUE、AT89C51、RES 三个元器件对象，若单击“AT89C51”，在预览窗口中则可见到 AT89C51 的实物图，如图 1－21 所示；若单击“RES”或“7SEG－MPX6－CA－BLUE”，在预览窗口中则可见到 RES 和 7SEG－MPX6－CA－BLUE 的实物图。

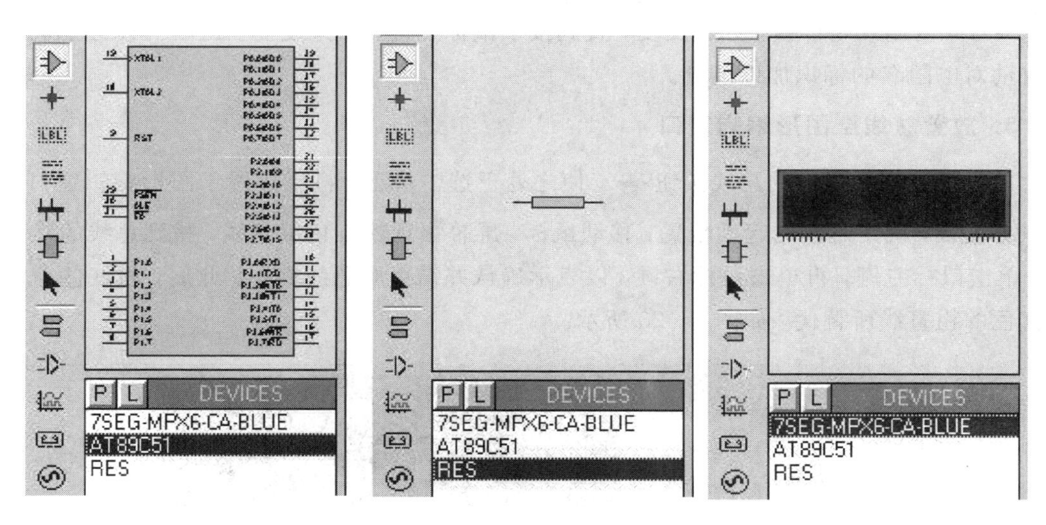

图 1-21　对象选择器窗口

2. 放置元器件至图形编辑窗口(Placing Components onto the Schematic)

在对象选择器窗口中，选中“7SEG-MPX6-CA-BLUE”，将鼠标置于图形编辑窗口中该对象的欲放位置，单击鼠标左键，该对象完成放置。用同样方法，可将 AT89C51 和 RES 放置到图形编辑窗口中，如图 1-22 所示。

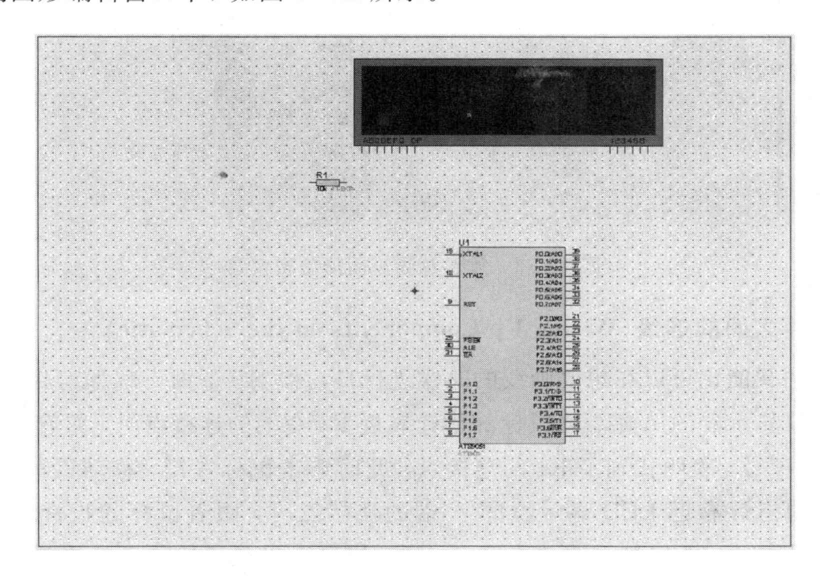

图 1-22　放置元器件至图形编辑窗口

若对象位置需要移动，将鼠标移到该对象上，单击鼠标右键，此时可以注意到，该对象的颜色已变至红色，表明该对象已被选中，按下鼠标左键，拖动鼠标，将对象移至新位置后，松开鼠标，完成移动操作。

由于电阻 R1～R8 的型号和电阻值均相同，因此可利用复制功能作图。将鼠标移到 R1，单击鼠标右键，选中 R1，在标准工具栏中单击复制按钮，拖动鼠标，按下鼠标左键，将对象复制到新位置，如此反复，直到按下鼠标右键，结束复制。此时可以注意到，系统自动对电阻名的标识加以区分。

3. 放置总线至图形编辑窗口

单击绘图工具栏中的总线按钮，使之处于选中状态。将鼠标置于图形编辑窗口，单击鼠标左键，确定总线的起始位置；移动鼠标，屏幕出现粉红色细直线，找到总线的终了位置，单击鼠标左键，再单击鼠标右键，以表示确认并结束画总线操作。此后，粉红色细直线被蓝色的粗直线所替代，如图 1-23 所示。

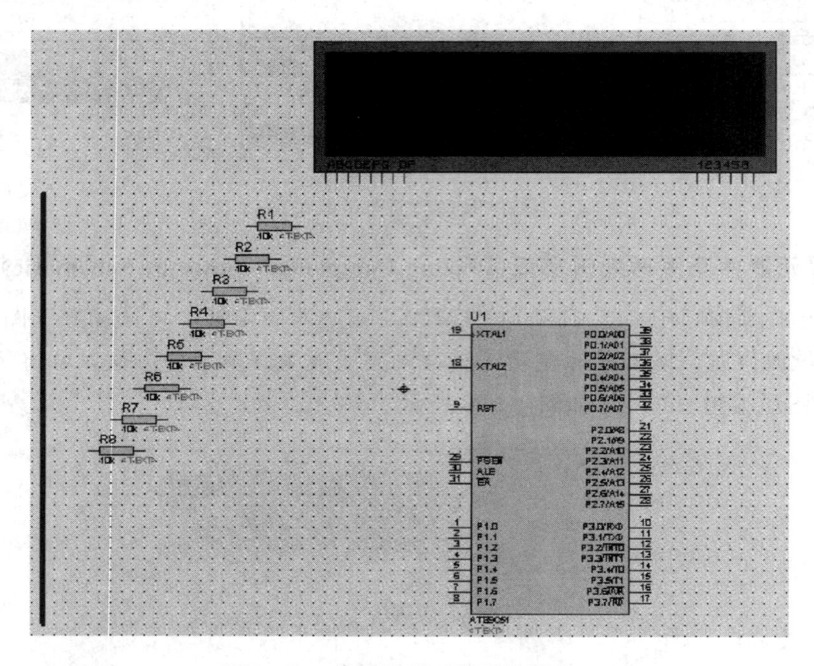

图 1-23　放置总线至图形编辑窗口

4. 元器件之间的连线(Wiring Up Components on the Schematic)

Proteus 的智能化可以在想要画线的时候进行自动检测。下面讲解如何将电阻 R1 的右端连接到 LED 显示器的 A 端。当鼠标的指针靠近 R1 右端的连接点时，跟着鼠标的指针就会出现一个“×”号，表明找到了 R1 的连接点，此时单击鼠标左键，移动鼠标(不用拖动鼠标)，将鼠标的指针靠近 LED 显示器的 A 端的连接点时，跟着鼠标的指针就会出现一个“×”号，表明找到了 LED 显示器的连接点，同时屏幕上出现了粉红色的连接，此时单击鼠标左键，粉红色的连接线变成了深绿色，同时，线形由直线自动变成了 90°的折线(这是因为选中了线路自动路径功能)。

Proteus 具有线路自动路径功能(简称 WAR)，当选中两个连接点后，WAR 将选择一个合适的路径连线。WAR 可通过使用标准工具栏里的[WAR]命令按钮来关闭或打开，也可以在菜单栏的[Tools]下找到这个图标。同理，我们可以完成其他连线，如图 1-24 所示。在此过程的任何时刻，都可以按 Esc 键或者单击鼠标的右键来放弃画线。

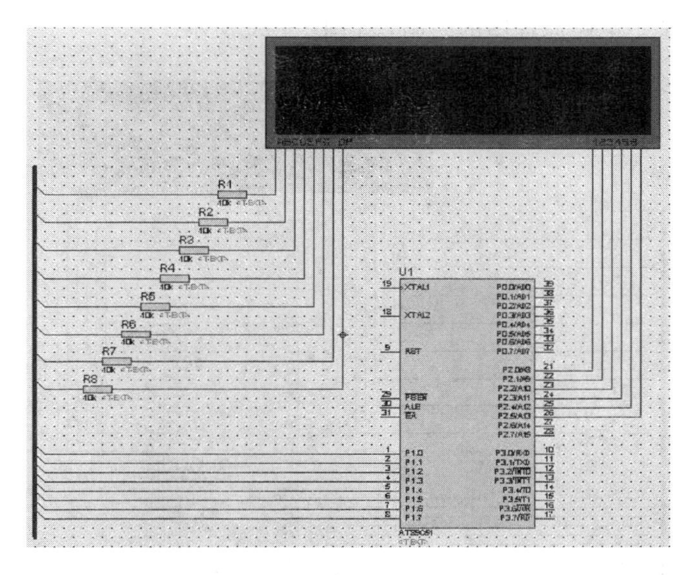

图 1-24　元器件之间的连线界面

5. 元器件与总线的连线

画总线的时候为了将其和一般的导线区分，一般画斜线来表示分支线。此时需要决定走线路径，只需在想要拐点处单击鼠标左键即可。

6. 给与总线连接的导线贴标签(PART LABELS)

单击绘图工具栏中的导线标签按钮，使之处于选中状态。将鼠标置于图形编辑窗口的欲标标签的导线上，跟着鼠标的指针就会出现一个“×”号，表明找到了可以标注的导线。单击鼠标左键，弹出编辑导线标签窗口，如图 1-25 所示。在“String”栏中，输入标签名称(如 a)，单击“OK”按钮，结束对该导线的标签标定。同理，可以标注其他导线的标签。注意，在标定导线标签的过程中，相互接通的导线必须标注相同的标签名。

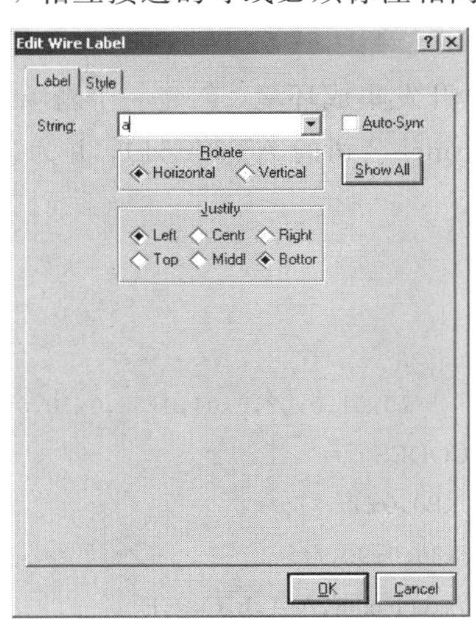

图 1-25　编辑导线标签窗口

至此，完成了整个电路原理图的绘制，如图 1－26 所示。

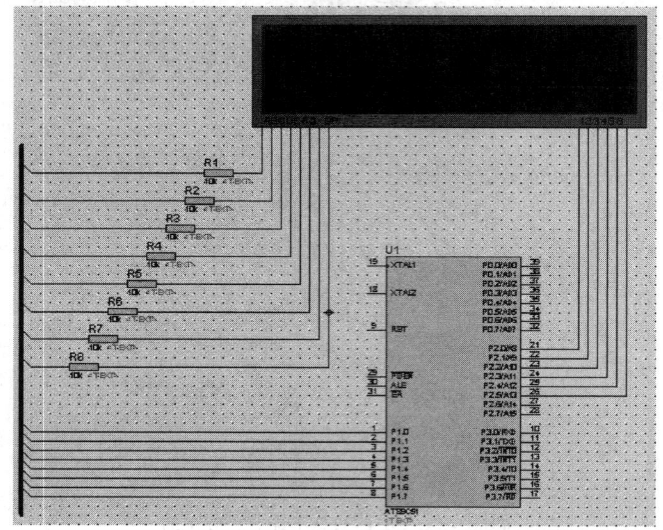

图 1－26　完整电路原理图

1.7.2　Keil C 与 Proteus 连接调试

（1）假设 Keil C 与 Proteus 均已正确安装在 C：\Program Files 的目录里，把 C：\Program Files\Labcenter Electronics\Proteus 6 Professional\MODELS\VDM51.dll 复制到 C：\Program Files\keilC\C51\BIN 目录中。

（2）用记事本打开 C：\Program Files\KeilC\C51\TOOLS.INI 文件，在[C51]栏目下加入：

TDRV5＝BIN\VDM51.DLL ("Proteus VSM Monitor－51 Driver")

其中“TDRV5”中的“5”要根据实际情况写，不要和原来的重复。（步骤(1)和(2)只需在初次使用时设置）。

（3）进入 Keil C μVision2 开发集成环境，创建一个新项目(Project)，并为该项目选定合适的单片机 CPU 器件(如 Atmel 公司的 AT89C51)，并为该项目加入 Keil C 源程序。

源程序如下：

```
#define LEDS 6
#include "reg51.h"
//led 灯选通信号
unsigned char code Select[]={0x01,0x02,0x04,0x08,0x10,0x20};
unsigned char code LED_CODES[]=
{       0xc0,0xF9,0xA4,0xB0,0x99,//0-4
        0x92,0x82,0xF8,0x80,0x90,//5-9
        0x88,0x83,0xC6,0xA1,0x86,//A,b,C,d,E
        0x8E,0xFF,0x0C,0x89,0x7F,0xBF//F,空格,P,H,.,-   };
```

```
void main()
{
  char i=0;
  long int j;
  while(1)
  {
    P2=0;
    P1=LED_CODES[i];
    P2=Select[i];
    for(j=3000;j>0;j--);    //该 LED 模型靠脉冲点亮，第 i 位靠脉冲点亮后，会自动熄灭
                            //修改循环次数，改变点亮下一位之前的延时，可得到不同的显示效果
    i++;
    if(i>5) i=0;
  }
}
```

（4）单击菜单[Project]→[Options for Target]选项或者点击工具栏的“Option for Target”按钮，弹出窗口，点击“Debug”按钮，出现如图 1-27 所示页面。

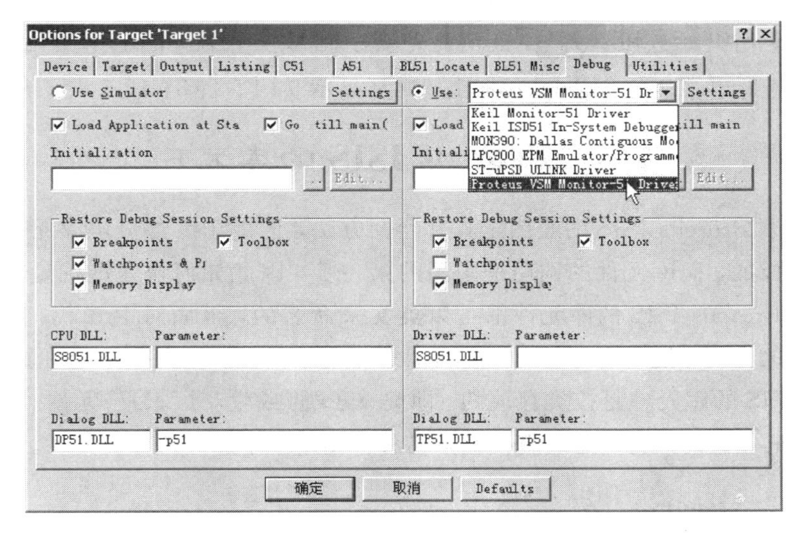

图 1-27　Keil C 参数设置界面

在出现的对话框的右栏上部的下拉菜单里选中“Proteus VSM Monitor-51 Driver”，并且还要点击一下“Use”前面表明选中的小圆点。

再点击“Settings”按钮，设置通信接口。在“Host”后面添上“127.0.0.1”，如果使用的不是同一台电脑，则需要在这里添上另一台电脑的 IP 地址(另一台电脑也应安装 Proteus)。在“Port”后面添加“8000”。设置好的情形如图 1-28 所示，点击“OK”按钮即可。最后将工程编译，进入调试状态，并运行。

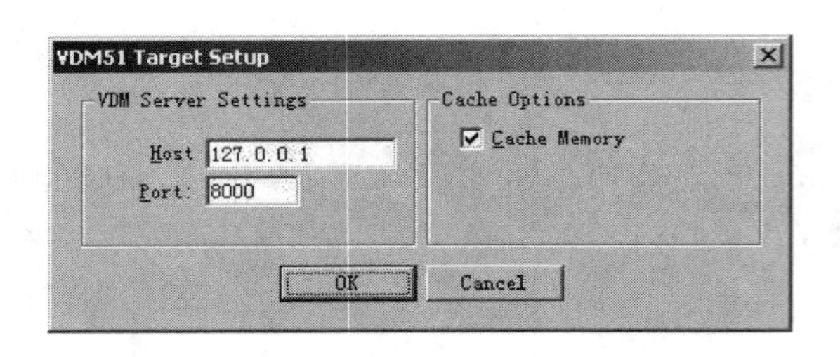

图 1－28　Keil C“Settings”设置窗口

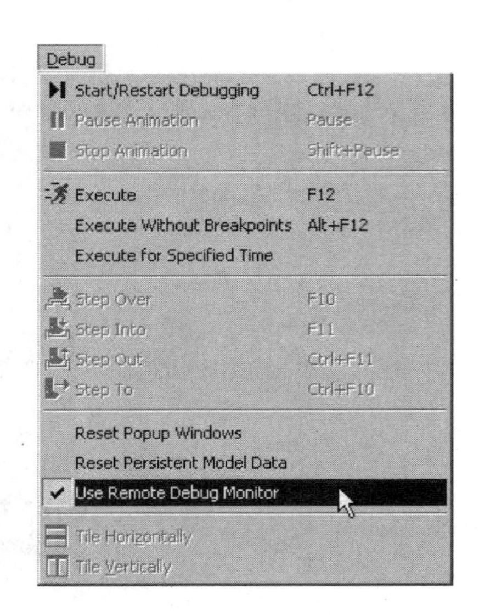

图 1－29　Proteus 连接调试控制界面

(5) Proteus 的设置。

进入 Proteus 的 ISIS，鼠标左键点击菜单“Debug”，选中“Use Remote Debug Monitor”，如图 1－29 所示。此后，便可实现 Keil C 与 Proteus 连接调试。

(6) Keil C 与 Proteus 连接仿真调试。

单击仿真运行开始按钮▶，能清楚地观察到每一个引脚的电平变化。红色代表高电平，蓝色代表低电平。在 LED 显示器上，循环显示 0、1、2、3、4、5。

1.8　Proteus ISIS 的库元件

前面熟悉了 Proteus ISIS 的绘图工具和绘图方法，但由于大部分电路是由库中的元件通过连线来完成的，而库元件的调用是画图的第一步，因此如何快速准确地找到元件是绘图的关键。而 Proteus ISIS 的库元件都是以英文来命名的，下面对 Proteus ISIS 的库元件按类进行详细的介绍，使读者能够对这些元件的名称、位置、使用有一定的了解。

Proteus ISIS 的库元件是按类存放的，即类→子类(或生产厂家)→元件。对于比较常用的元件，需要记住它的名称，通过直接输入名称来拾取。库元件的分类如下。

1.8.1　大类(Category)

元件拾取对话框的左侧的“Category”中，共列出了以下几个大类：

Analog Ics：模拟集成器件；

Capacitors：电容；

CMOS 4000 series：CMOS 4000 系列；

Connectors：接头；

Data Converters：数据转换器；

Diodes：二极管；

Ebugging Tools：调试工具；
ECL 10000 series：ECL 10000 系列；
Electromechanical：电机；
Inductors：电感；
Laplace Primitives：拉普拉斯模型；
Memory Ics：存储器芯片；
Microprocessor Ics：微处理器芯片；
Miscellaneous：混杂器件；
Modelling Primitives：建模源；
Operational Amplifiers：运算放大器；
PLDs and FPGAs：可编程逻辑器件和现场可编程门阵列；
Ptoelectronics：光电器件；
Resistors：电阻；
Simulator Primitives：仿真源；
Speakers and Sounders：扬声器；
Switches and Relays：开关和继电器；
Switching Devices：开关器件；
Thermionic Valves：热离子真空管；
Transducers：传感器；
Transistors：晶体管；
TTL 74 Seriers：标准 TTL 系列；
TTL 74ALS Seriers：先进的低功耗肖特基 TTL 系列；
TTL 74AS Seriers：先进的肖特基 TTL 系列；
TTL 74F Seriers：快速 TTL 系列；
TTL 74HC Seriers：高速 CMOS 系列；
TTL 74HCT Seriers：TTL 兼容高速 CMOS 系列；
TTL 74LS Seriers：低功耗肖特基 TTL 系列；
TTL 74S Seriers：肖特基 TTL 系列。

当要从库中拾取一个元件时，首先要清楚它的分类是位于上述大类中的哪一类，然后在打开的元件拾取对话框中，选中“Category”中相应的大类。

1.8.2　各子类(Sub-category)

选取元件所在的大类(Category)后，再选子类(Sub-category)，也可以直接选生产厂家(Manufacturer)，这样会在元件拾取对话框中间部分的查找结果(Results)中显示符合条件的元件列表。从中找到所需的元件，双击该元件名称，元件即被拾取到对象选择器中。如果要继续拾取其他元件，最好使用双击元件名称的办法，这样对话框不会关闭。如果只选取一个元件，可以单击元件名称后单击“OK”按钮，关闭对话框。

如果选取大类后没有选取子类或生产厂家，则在元件拾取对话框中的查询结果中，会把此大类下的所有元件按元件名称首字母的升序排列出来。下面对 Proteus ISIS 库元件的各子类进行逐一介绍。

1. Analog ICs

模拟集成器件共有 8 个子类：

Amplifier：放大器；

Comparators：比较器；

Display Drivers：显示驱动器；

Filters：滤波器；

Miscellaneous：混杂器件；

Regulators：三端稳压器；

Timers：555 定时器；

Voltage References：参考电压。

2. Capacitors

电容共有 23 个分类：

Animated：可显示充放电电荷电容；

Axial Lead polypropene：径向轴引线聚丙烯电容；

Audio Grade Axial：音响专用电容；

Axial Lead polystyrene：径向轴引线聚苯乙烯电容；

Ceramic Disc：陶瓷圆片电容；

Decoupling Disc：解耦圆片电容；

Generic：普通电容；

High Temp Radial：高温径向电容；

High Temp Axial Electrolytic：高温径向电解电容；

Miniture Electrolytic：微电解电容；

Multilayer Metallised Polyester Film：多层金属聚酯膜电容；

Mylar Film：聚酯薄膜电容；

Metallised Polyester Film：金属聚酯膜电容；

Metallised polypropene：金属聚丙烯电容；

Metallised polypropene Film：金属聚丙烯膜电容；

Nickel Barrier：镍栅电容；

Non Polarised：无极性电容；

Polyester Layer：聚酯层电容；

Radial Electrolytic：径向电解电容；

Resin Dipped：树脂蚀刻电容；

Tantalum Bead：钽珠电容；

Variable：可变电容；

VX Axial Electrolytic：VX 轴电解电容。

3. CMOS 4000 series

CMOS 4000 系列数字电路共有 16 个分类：

Adders：加法器；

Buffers & Drivers：缓冲和驱动器；

Comparators：比较器；

Counters：计数器；

Decoders：译码器；

Encoders：编码器；

Flip - Flops & Latches：触发器和锁存器；

Frequency Dividers & Timer：分频和定时器；

Gates & Inverters：门电路和反相器；

Memory：存储器；

Misc. Logic：混杂逻辑电路；

Mutiplexers：数据选择器；

Multivibrators：多谐振荡器；

Phase - locked Loops(PLL)：锁相环；

Registers：寄存器；

Signal Switcher：信号开关。

4. Connectors

接头共有 8 个分类：

Audio：音频接头；

D - Type：D 型接头；

DIL：双排插座；

Header Blocks：插头；

Miscellaneous：各种接头；

PCB Transfer：PCB 传输接头；

SIL：单排插座；

Ribbon Cable：蛇皮电缆；

Terminal Blocks：接线端子台。

5. Data Converters

数据转换器共有 4 个分类：

A/D Converters：模/数转换器；

D/A Converters：数/模转换器；

Sample & Hold：采样保持器；

Temperature Sensors：温度传感器。

6. Debugging Tools

调试工具数据共有 3 个分类：

Breakpoint Triggers：断点触发器；

Logic Probes：逻辑输出探针；

Logic Stimuli：逻辑状态输入。

7. Diodes

二极管共有 8 个分类：

Bridge Rectifiers：整流桥；

Generic：普通二极管；

Rectifiers：整流二极管；

Schottky：肖特基二极管；

Switching：开关二极管；

Tunnel：隧道二极管；

Varicap：变容二极管；

Zener：稳压二极管。

8. Inductors

电感共有 3 个分类：

Generic：普通电感；

SMT Inductors：表面安装技术电感；

Transformers：变压器。

9. Laplace Primitives

拉普拉斯模型共有 7 个分类：

1st Order：一阶模型；

2nd Order：二阶模型；

Controllers：控制器；

Non - Linear：非线性模模型；

Operators：算子；

Poles/Zeros：极点/零点；

Symbols：符号。

10. Memory ICs

存储器芯片共有 7 个分类：

Dynamic RAM：动态数据存储器；

EEPROM：电可擦除程序存储器；

EPROM：可擦除程序存储器；

I2C Memories：I2C 总线存储器；

Memory Cards：存储卡；

SPI Memories：SPI 总线存储器；

Static RAM：静态数据存储器。

11. Microprocessor ICs

微处理器芯片共有 13 个分类：

68000 Family：68000 系列；

8051 Family：8051 系列；

ARM Family：ARM 系列；

AVR Family：AVR 系列；

BASIC Stamp Modules Parallax：公司微处理器；

HC11 Family：HC11 系列；

Peripherals：CPU 外设；

PIC 10 Family：PIC 10 系列；

PIC 12 Family：PIC 12 系列；

PIC 16 Family：PIC 16 系列；

PIC 18 Family：PIC 18 系列；

PIC 24 Family：PIC 24 系列；

Z80 Family：Z80 系列。

12. Modelling Primitives

建模源共有 9 个分类：

Analog(SPICE)：模拟(仿真分析)；

Digital(Combinational)：数字(组合电路)；

Digital(Buffers & Gates)：数字(缓冲器和门电路)；

Digital(Miscellaneous)：数字(混杂)；

Digital(Sequential)：数字(时序电路)；

Mixed Mode：混合模式；

PLD Elements：可编程逻辑器件单元；

Realtime(Actuators)：实时激励源；

Realtime(Indictors)：实时指示器。

13. Operational Amplifiers

运算放大器共有 7 个分类：

Deal：理想运放；

Dual：双运放；

Macromodel：大量使用的运放；

Octal：八运放；

Quad：四运放；

Single：单运放；

Triple：三运放。

14. Optoelectronics

光电器件共有 11 个分类：

7 - Segment Displays：7 段显示；

Alphanumeric LCDs：液晶数码显示；

Bargraph Displays：条形显示；

Dot Matrix Displays：点阵显示；

Graphical LCDs：液晶图形显示；

Lamps：灯；

Optocouplers：光电耦合；

Serial LCDs：串行液晶显示；

LCD Controllers：液晶控制器；

LCD Panels Displays：液晶面板显示；

LEDs：发光二极管。

15. Resistors

电阻共有 11 个分类：

0.6W Metal Film：0.6 瓦金属膜电阻；

10 Watt Wirewound：10 瓦绕线电阻；

2 W Metal Film：2 瓦金属膜电阻；

3 Watt Wirewound：3 瓦绕线电阻；

7 Watt Wirewound：7 瓦绕线电阻；

Generic：普通电阻；

High Voltage：高压电阻；

NTC：负温度系数热敏电阻；

Resistor Packs：排阻；

Variable：滑动变阻器；

Varisitors：可变电阻。

16. Simulator Primitives

仿真源共有 3 个分类：

Flip-Flops：触发器；

Gates：门电路；

Sources：电源。

17. Switches and Relays

开关和继电器共有 4 个分类：

Key pads：键盘；
Relays(Generic)：普通继电器；
Relays(Specific)：专用继电器；
Switches：开关。

18. Switching Devices

开关器件共有 4 个分类：
DIACs：两端交流开关；
Generic：普通开关元件；
SCRs：可控硅；
TRIACs：三端双向可控硅。

19. Thermionic Valves

热离子真空管共有 4 个分类：
Diodes：二极管；
Pentodes：五极真空管；
Tetrodes：四极管；
Triodes：三极管。

20. Transducers

传感器共有 2 个分类：
Pressure：压力传感器；
Temperature：温度传感器。

21. Transistors

晶体管共有 8 个分类：
Bipolar：双极型晶体管；
Generic：普通晶体管；
IGBT：绝缘栅双极晶体管；
JFET：结型场效应管；
MOSFET：金属氧化物场效应管；
RF Power LDMOS：射频功率 LDMOS 管；
RF Power VDMOS：射频功率 VDMOS 管；
Unijunction：单结晶体管。

1.9 Proteus ARES 设计工作环境

Proteus 的 ARES 软件是高级 PCB 布线编辑软件，具有 PCB(印刷电路板)设计的强大功能。

1.9.1 Proteus ARES 设计窗口

进入 Proteus 程序，再点击“ARES Professional”选项，ARES 布板编辑器将加载运行。ARES 布板编辑器概览如图 1-30 所示。

屏幕最大的区域①叫做“编辑窗”，它作为绘图的窗口，用于板子的放置和布线。屏幕左上角较小的区域③叫做“预览窗”。通常“预览窗”用于对整个绘图的预览——蓝框表示当前页面的边缘，绿框表示当前编辑窗显示的区域。当一个新对象被选择时，预览窗就用来显示被选择的对象。左下部区域②是对象选择器。

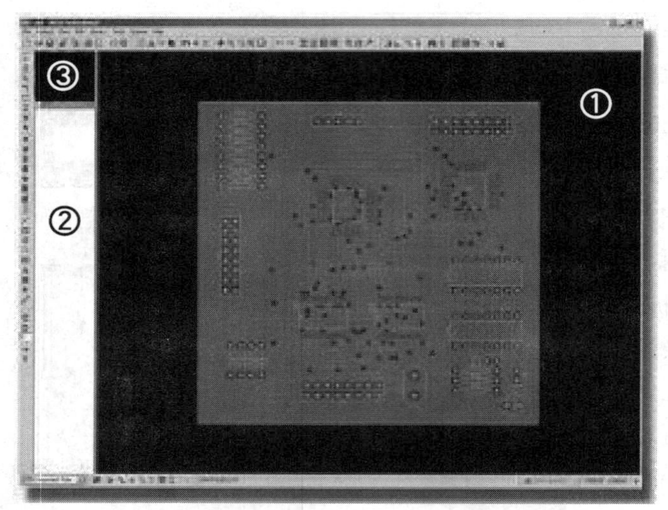

①—编辑窗口；②—对象选择器；③—预览窗口

图 1-30 ARES 布板编辑器概览

底部的控制条值通常分为四个部分。最左边的是“选择过滤器”，如图 1-31 所示，用来配置当前操作模式下被选择的板层和对象。之后的“板层选择器”组合框定义了当前板层或板层对，用于 PCB 对象的放置。

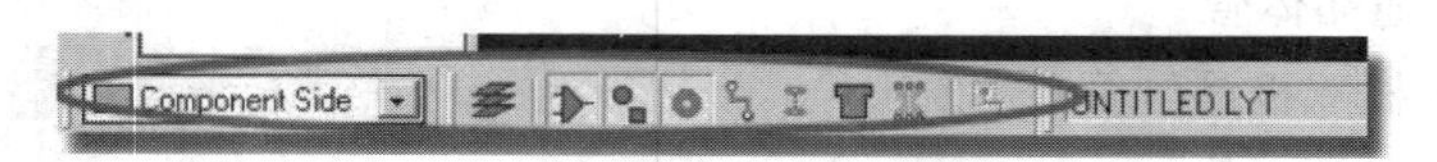

图 1-31 ARES 布板编辑器的选择过滤器

次左边的是“状态条”，如图 1-32 所示，提供了对当前鼠标指向对象的文本提示。比如当鼠标在焊盘上时它会提示该焊盘所连接的网络。

图 1-32 ARES 布板编辑器的状态条

次右边的是实时“设计规则检查器”，如图 1－33 所示，在设计板时规则检查器报告任何物理设计规则冲突。左键点击此处将打开对话框，里面详细列出各种冲突并可通过进一步的操作放大到特定错误的位置。

图 1－33 ARES 布板设计器的设计规则检查器

最右边的是坐标显示，对应于光标位置的坐标值，如图 1－34 所示，其反映的并不是指针位置的准确值，而是其捕获值。默认的捕获选项可通过 View(视图)菜单(或通过组合键 Ctrl＋F1 和 F2＋F4)设置，捕获值可以通过 System(系统)菜单的 Set Grids(设置网格)命令来配置。

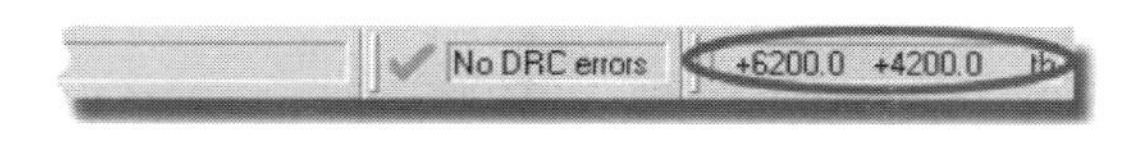

图 1－34 ARES 布板设计器的坐标指示器

坐标可以是英制或公制单位，由 Metric(公制)(默认的快捷键“M”)命令设置。还可以使用 Origin(原点)(默认快捷键“O”)命令来设置一个伪原点，此时坐标显示由黑色变成紫色。编辑窗的网格点可以使用 Grid(网格)命令，或者使用快捷键(默认“G”)来切换其有无。

1.9.2 Proteus ARES 基本布局/布线技术

1. 封装选择

建立一个粗略的布板最直接的方法是在封装模式(Package Mode)下使用 ARES。在此模式下，可以直接从库中选择封装并放置到工作区域。但这种工作模式并不推荐使用，除非是建立一个价值不大的电路板。ISIS 的基于网络表的设计是推荐的工作模式，具有可校验的连接布线、策略配置并完全支持电源平面等。

所用器件封装可以从封装库来选取。左键单击“封装(Package)”图标，然后左键点击对象选择器左上方的“P”，将显示 Library Pick 图表，如图 1－35 所示。

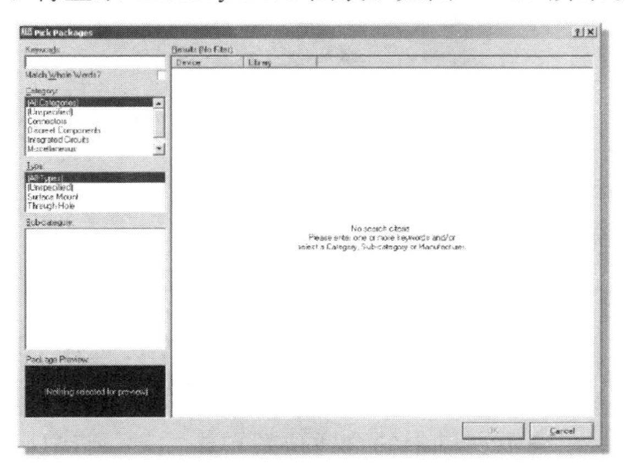

图 1－35 Library Pick 图表

也可以使用快捷键来选择库浏览器(Library Browser)。

库浏览器(Library Browser)是一个极为强大的工具，能以很多不同方式搜索给定的库部件。最简单的方法是键入描述寻找的部件的某些关键词。搜索条件与库中封装描述进行匹配。以一个电容为例，在关键词(Keywords)栏输入搜索条件“200th pitch radial capacitor”，就可以看到 CAP20 部件出现在图 1-36 中。

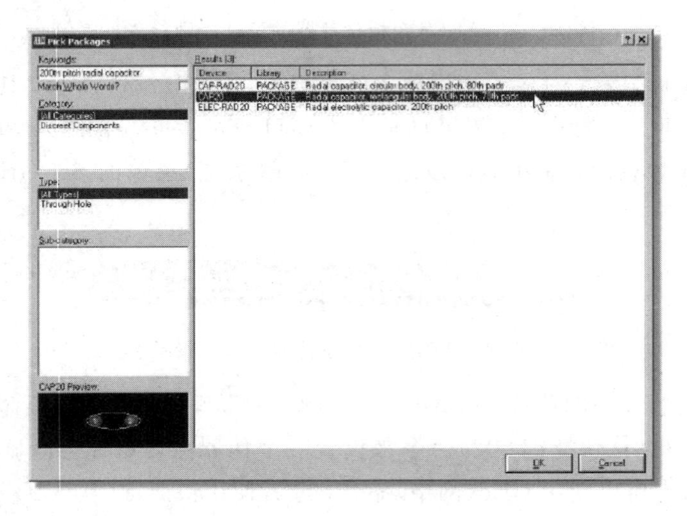

图 1-36　选取 CAP20 时的库选择表

双击 CAP20，就可以把它放进对象选择器中，如图 1-37 所示。

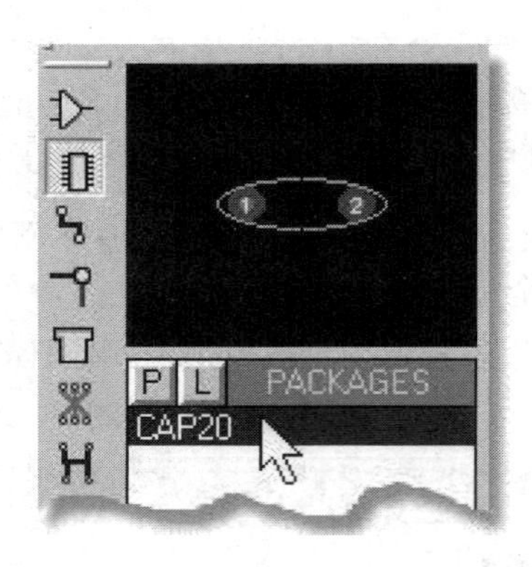

图 1-37　对象选择器中的 CAP20 封装

如果知道要找部件的名称，可以使用部件名作为关键字进行搜索。在这个例子里，输入 CAP20 作为关键字也能得到想要的结果。

2. 封装放置

以 DIL08 的封装放置为例，先在对象选择器中使用左键选择 DIL08 的封装，在预览窗口中将显示该封装。可以使用旋转按钮对该封装进行旋转，使其转到合适的角度。预览窗口将显示旋转后的效果。在编辑窗口中的合适位置单击左键，将显示一个绿色轮廓的封装，这个封装将粘在你的鼠标上，并随鼠标的移动而移动。移动鼠标到编辑窗中间的位置，然后单击左键，就可以放置封装并且退出放置模式。

注意：当处于放置模式时，单击鼠标右键将取消放置操作。当处于放置模式时，也可以通过数字键盘中的"＋"和"－"按键动态旋转封装。

3. 选择及移动封装

移动鼠标到footprint的轮廓上，则footprint周围会有一个虚线框，表示当前鼠标指向的对象，鼠标光标此时也将变成一个手形，如图1-38所示。当出现这种光标时，单击左键将选择整个封装。这时，封装将被标记，鼠标光标也改为移动对象光标，表示可以移动当前选择的对象。

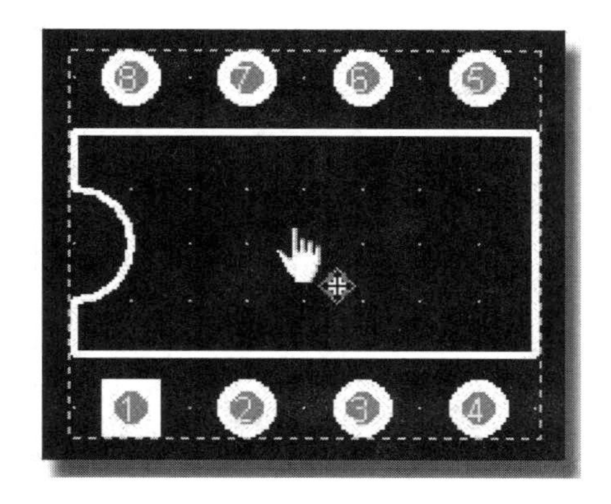

图1-38　选择及移动封装界面

按下鼠标左键，就可以拖曳部件到合适的位置。在板的空白位置单击左键，将释放对封装的选择。

另外，也可以在封装的轮廓上单击右键，它将选中封装并且弹出一个菜单，菜单上列出了可以对当前对象进行操作的命令，如选择"Drag Object(拖曳对象)"命令，如图1-39所示。

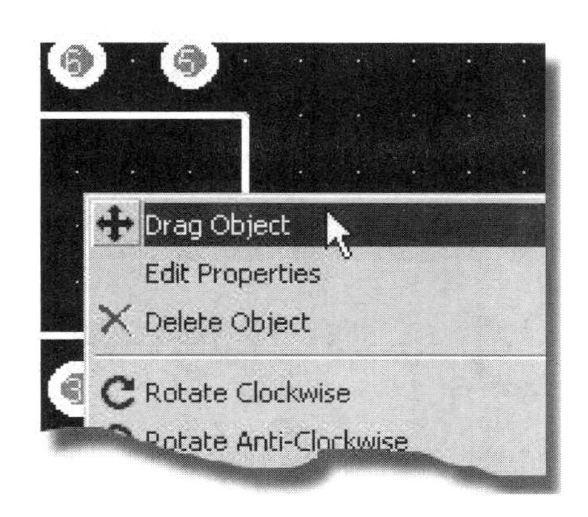

图1-39　通过右键菜单拖曳封装

4. 布线

左键单击"Trace icon"按钮，开始布线。这时，对象选择器将列出"走线风格(Trace

Styles)”列表，可以选中默认的走线风格。比如要使用 20th 的导线，就选择 T20 的走线风格，如图 1-40 所示。

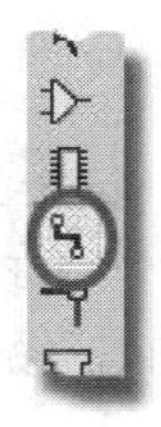

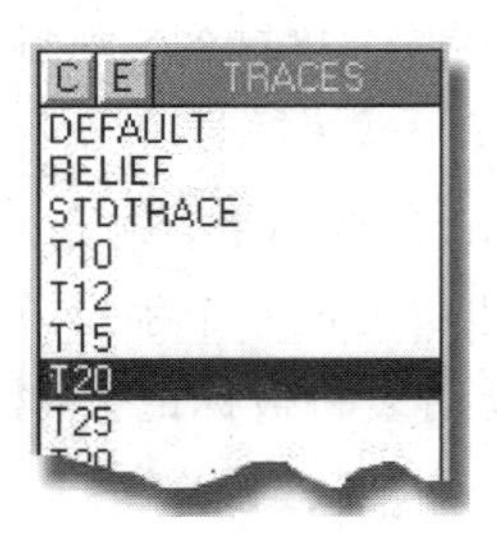

图 1-40　在 ARES 中选择 20th 的 Trace

在焊盘上单击左键开始布线，在布线路径的拐点单击放置拐点，直到终点焊盘，最后在终点焊盘单击右键完成布线。

布线模式下，需要注意以下几个方面：

(1) 在同一点双击就可以放置一个过孔(via)，并且把当前层转换到由系统(System)菜单的“设置板层对(Set Layer Pairs)”命令设置的对应层。可以单击过孔图标查看过孔类型。

(2) 在布线过程中，可以通过 Pgup 和 Pgdn 按键变换当前层。另外，按 Ctrl＋Pgup 组合键将选择顶层(Top layer)，按 Ctrl＋Pgdn 组合键将选择底层(Bottom layer)。

(3) 在布线过程中，按住 Ctrl 键，可以绘制曲线段。曲线弯转的方向(水平然后垂直或者相反)由从固定点移开鼠标的方式决定。最好先按下 Ctrl 键，然后再移动鼠标，然后单击鼠标左键，确定曲线，最后再释放 Ctrl 键。

5. 标注

当使用封装模式放置元件时，元件都是没有相关的标注信息的。通过网络表的方式，元件将自动标注。

标注元件时，首先要离开布线模式，例如选择“选择模式(Selection Mode)”，然后在元件上双击(第一次单击将选择元件，第二次单击将打开编辑封装对话框)。

另外，也可以在进入选择模式后，在封装上右键单击，在弹出的菜单中选择“Edit Properties(编辑属性)”子菜单，如图 1-41 所示。

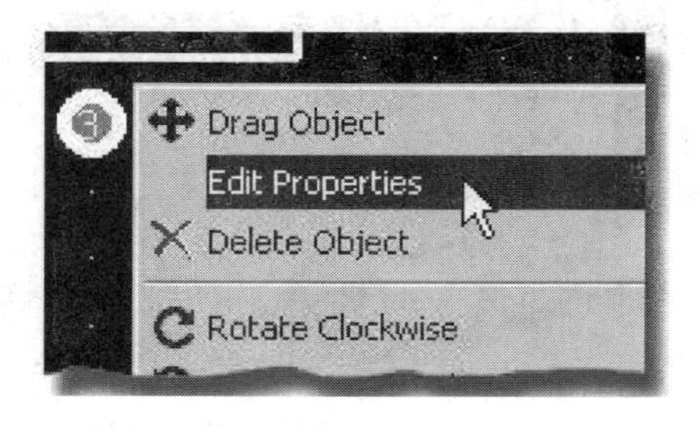

图 1-41　从菜单中选择编辑封装属性命令

弹出的对话框如图 1-42 所示，需要输入元件编号(Part ID)和元件值(Value)。

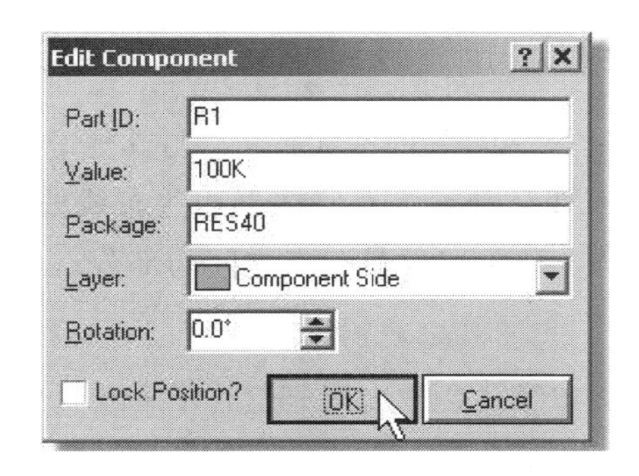

图 1-42 编辑元件对话框

另外，也可以使用自动命名(Auto Name Generator)命令对元件编号进行数字序列的标注。元件编号(Part ID)和元件值(Values)也可以移动，方法如下。

先选中元件，然后把鼠标指向元件编号或元件值，最后再使用鼠标左键拖曳。可以使用Display菜单中的命令或者使用快捷键设置不同的捕捉网格，捕捉不同的对象。

6. 板的外框

ARES有一个特殊的层，即板边(EDGE)层，它描绘了板的轮廓。放在EDGE层的所有对象都将在所有层中出现。

放置一个规则形状的板框的步骤：

(1) 选择“Box icon”。

(2) 从层选择器(Layer Selector)中选择EDGE层。

(3) 在合适的位置单击并保持，确定方框的左上角。

(4) 拖拉鼠标，得到合适的板框大小，然后再次单击鼠标左键绘制图形。

如果需要调整方框的大小，先使用右键(忽略弹出的菜单)选中它，然后拖拉绿色的调整大小的手柄到合适的位置，最后释放鼠标左键即可，如图1-43所示。

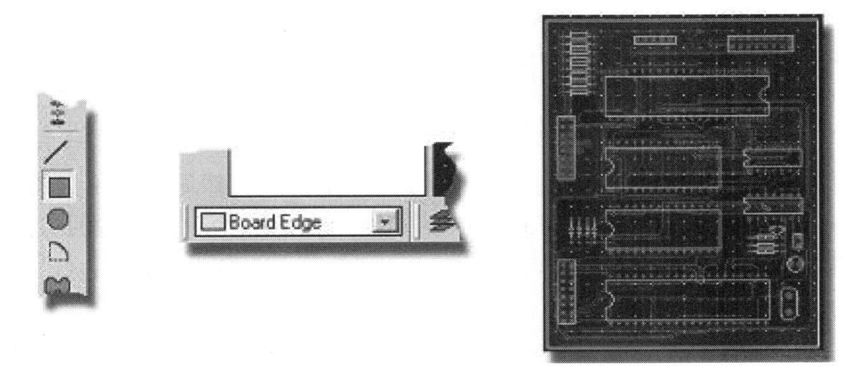

图 1-43 在版图(layout)中绘制一个电路板边框

完全支持绘制曲线的或不规则的电路板。边界可以由直线和弧线组成，或者使用路径(Path)对象绘制边界。

1.9.3　Proteus ARES 布线编辑

具有功能强大的布线工具是 ARES 的一大特色，与其他 PCB 设计软件不同，ARES 中的布线编辑方法是基于现有布线拓扑，而不依靠于这些布线段是怎样放置的。另外，可以对布线的任意一部分进行修改，而不仅仅是节点之间的部分。

1. 右键菜单

如果在布线上单击右键，布线将会被高亮显示，并弹出一个菜单，有以下几个选项：

(1) 删除、复制和移动导线(Delete, Copy and Move the route)。

(2) 改变板层和走线风格(Change the layer and trace style)。

(3) 改变过孔风格(Change the via style)。

(4) 控制导线的斜化(Control the Mitring for the route)。

(5) 截取选择(Trim the selection as required for further operations)。

复制命令提供了复制布线的方法，可以通过单击左键复制出多条曲线，单击右键完成复制。

2. 过孔放置

通常情形下，过孔(Via)是自动放置的。以下操作展示了这种技术：先选择布线对象按钮，处于布线模式，使用鼠标左键在任意两点之间放置一条布线，然后在第二个点上再次单击，ARES 将在这个点上自动放置一个过孔，移动鼠标，在第三个点上单击左键，然后再单击右键，结束布线，如图 1-44 所示。

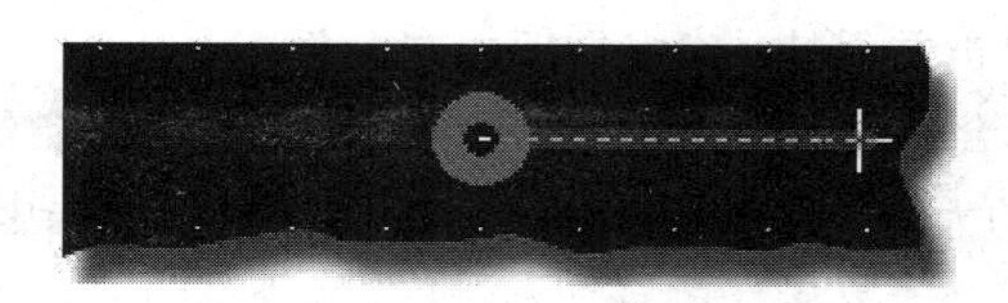

图 1-44　使用板层对自动放置过孔

在同一点上双击鼠标左键将放置一个过孔，并且改变当前布线层。使用哪一个布线层将由 System 菜单中的 Set Layer Pairs 命令设置的层对决定。通过这个命令对话框，可以设置层对、层组，甚至任意多层，也可以通过 Pgdn 和 Pgup 按键手动改变布线层。

在手动放置 Via 时，可以通过过孔按钮切换到过孔模式，然后从对象选择器中选择一种过孔类型进行放置。在这种操作模式下，可以像操作其他对象一样对过孔进行替换、标记、移动、删除等操作。对于多层板，可以通过层选择器来选择放置标准过孔、盲孔或埋孔三种类型的过孔。

3. 标记走线

在进行重布、删除、编辑或复制布线时，先要进行标记。与对象编辑工具风格相似，可以使用右键对布线进行标记。但当要选中一小段布线时，就需要额外的工具来实现。在布线上单击右键，将选中整条布线，并弹出一个菜单，菜单的最下面有四个选项用于线段选择，如图 1-45 所示。

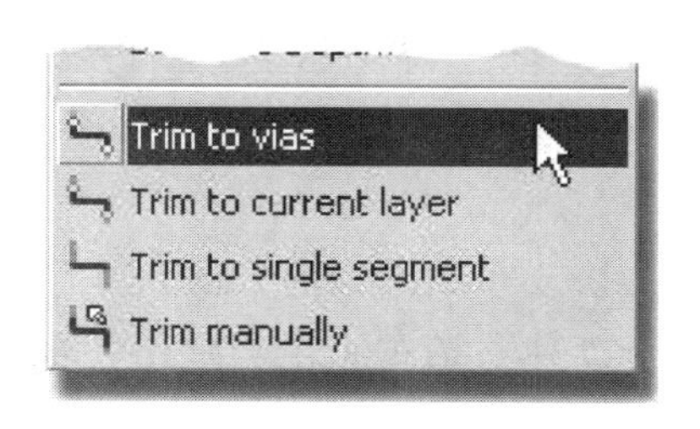

图 1-45　布线精选菜单

第一个是截取过孔与过孔之间的布线。第二个是截取当前层中的布线。第三个是截取单段布线。最后一个是手动截取。

4. 移动/拖曳走线

当标记了一段布线后，它将以高亮显示，可以使用鼠标左键拖曳它的任何一部分。也可以通过鼠标右键快速进行“标记和拖曳”布线的操作，如图 1-46 所示，在布线上单击右键，在弹出的菜单中选择“Drag Routes(s)”子菜单即可。这个操作只可对当前选择的布线进行，否则先要通过右键菜单中的“截取(Trim)”子菜单选择部分布线。

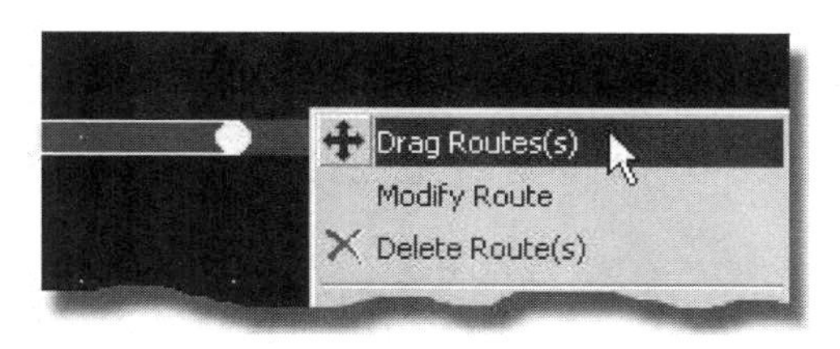

图 1-46　拖曳当前布线的右键菜单

5. 删除走线

有以下几种方法删除布线：

(1) 可以使用块删除按钮 或者使用右键菜单中的块删除命令，删除所有标记的对象。可以先标记要删除的布线，然后使用块删除按钮进行删除。

(2) 可以先标记整条或布线的一段，然后再通过右键菜单中的“删除导线(Delete Routes)”命令进行删除操作。

6. 改变走线宽度

当要改变一段布线的线宽时，需要先选择一段布线，然后通过右键菜单中的“改变导线风格(Chang Trace Style)”子菜单，选择可用的导线风格，如图 1-47 所示。

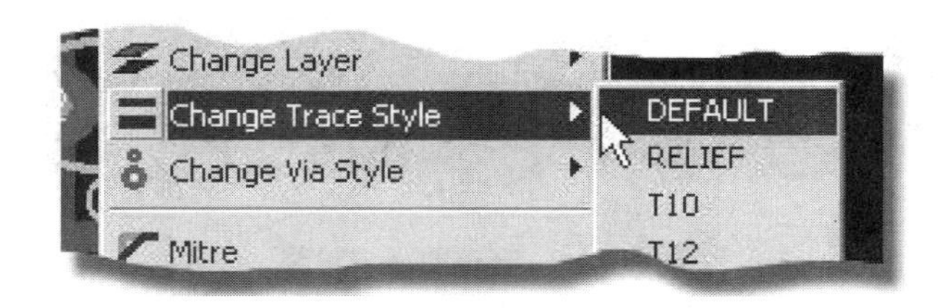

图 1-47　右键菜单中的布线类型配置选项

当然，也可以创建自己的导线风格，可以通过 Edit 菜单的“新建导线风格(New Trace Style)”命令进行创建。

7. 重布线

ARES 提供了一种非常好的修改布线路径的方法。当需要修改一段布线的路径时，通常可以在旧的布线的某一点开始新建一条布线，沿着另一条路径重画一条布线，新布线的终点回到旧布线的另一点上，这时，可以删除在这两点之间的旧布线，修改布线路径的操作就完成了。

注意：多余的过孔也将被删除。

1.9.4 封装库

ARES 已经提供了大量的封装(footprint)，但用户也可能需要创建定制的封装或符号。封装是由在工作区放置焊盘、丝印图形(或导线)组成，选中它们，再使用库(Library)菜单下的创建封装(Make Package)命令来创建。下面以实例描述基本过程。

首先，选择圆形焊盘(Circular Pad)图标，再从对象选择器中选择“C－80－30”的焊盘风格，如图 1－48 所示。

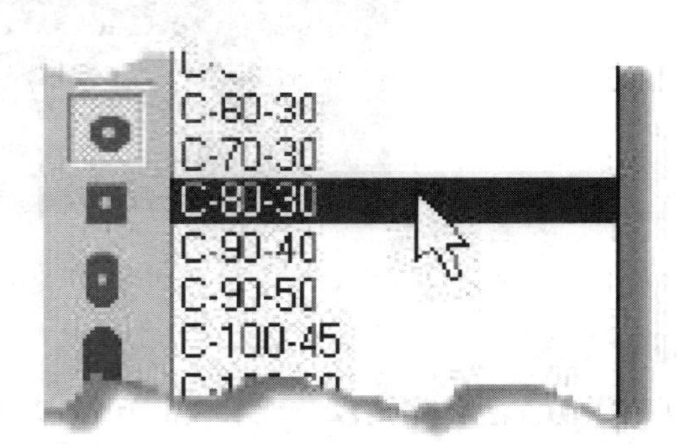

图 1－48　圆形焊盘按钮及对象选择器中的焊盘风格

以“0.5”的间距放置两个这样的焊盘，再选择“Box”图标画一个框包围这两个焊盘。粗略的封装如图 1－49 所示。

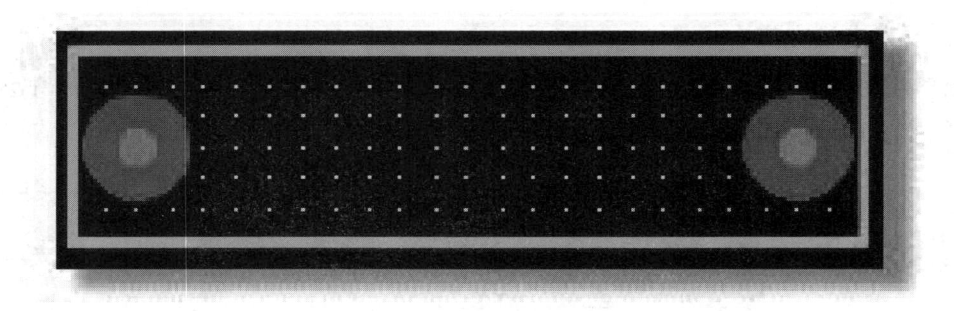

图 1－49　简单的测试封装

最后通过按住鼠标右键拖曳一个框来选中整个图形，调用库(Library)菜单下的创建封装(Make Package)命令，输入名称 TESTPKG 并创建一个名为 TESTS 的新目录。在填写完其他适当的栏目后(如图 1－50 所示)便可以切换到另一个选项卡进行 3D 可视参数配置。

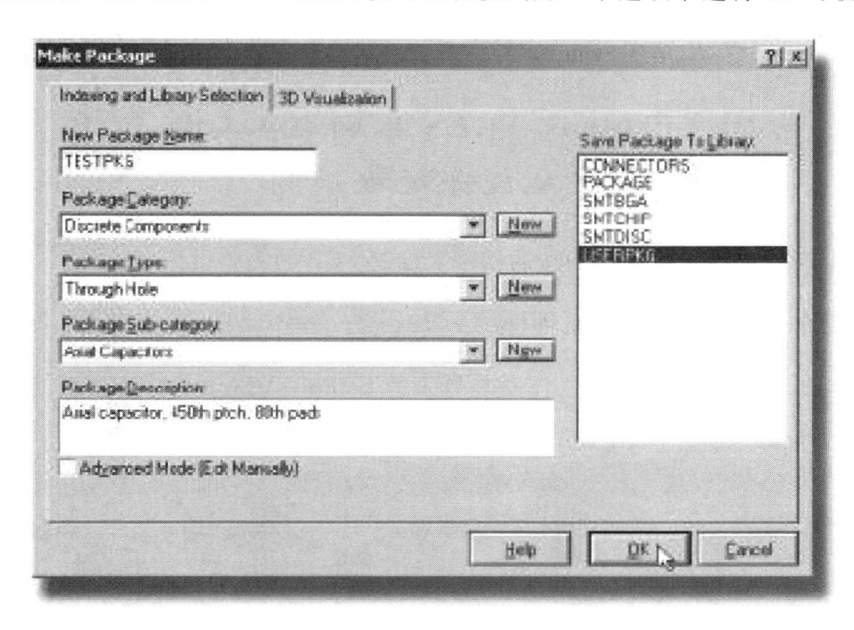

图 1－50　创建封装对话表

配置的重点是提供尽可能多的信息以便获得部件的清晰的 3D 图像，以供在使用 3D 查看板子时使用。在调整参数时对话框的 3D 预览图会实时更新。填写 3D 可视化选项卡，如图 1－51 所示的属性栏目。

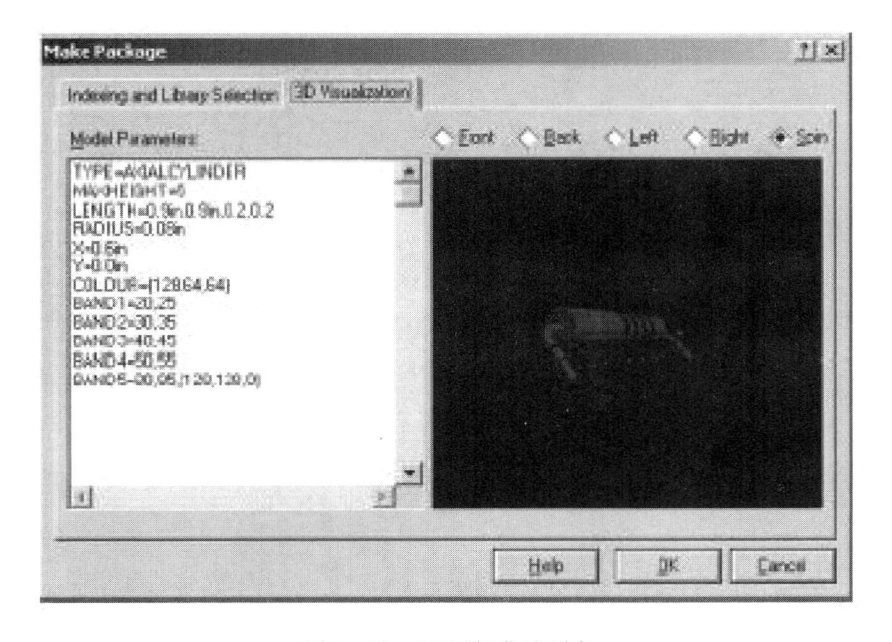

图 1－51　3D 可视化选项卡

完成后点“OK”便将改动提交给库，之后便可以像布放其他封装一样布放此封装。同样，在库浏览器下可以在 TESTS 目录中很容易地找到这个部件。另外，要编辑一个已有的封装，需要先从库中选取它，并放置在版图上，然后右键点击并从菜单中选择分解(Decompose)命令。

1.10　Proteus ARES 从网络表绘制 PCB 完整设计过程示例

下面以 PPSU 设计为例来说明按照网络表绘制 PCB 的完整设计过程。

1.10.1　准备 PCB 设计对应原理图

加载 PPSU. DSN。该文件可以在安装目录的 Samples\Tutorials 下找到。该设计如图 1-52 所示。

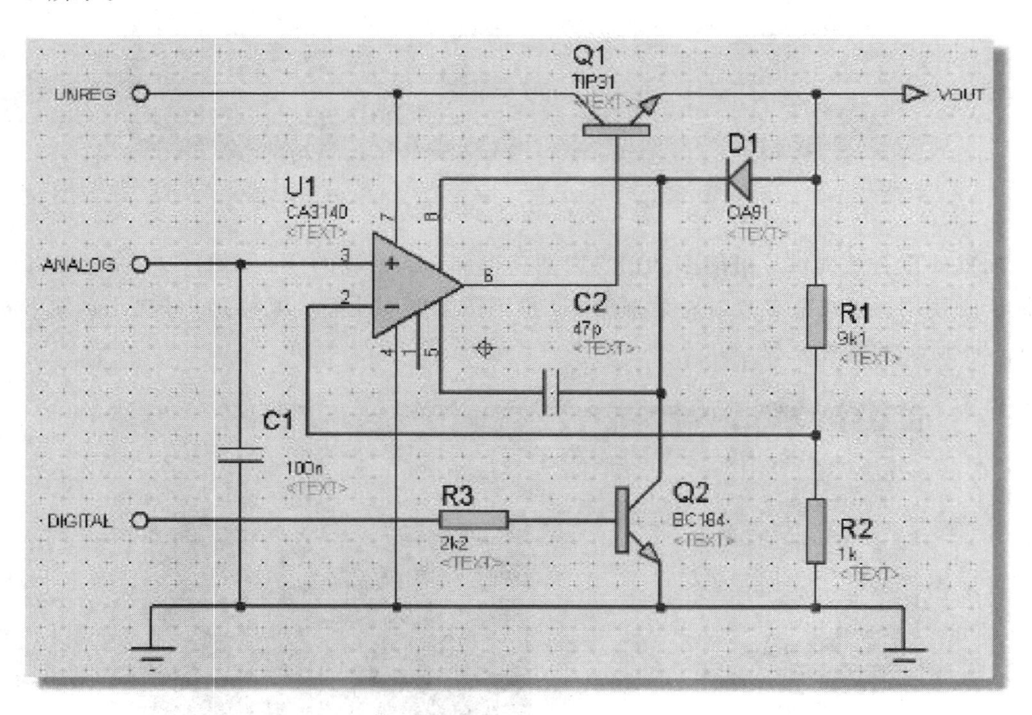

图 1-52　PPSU 原理图设计

ISIS 库部件得益于其 Package 属性，已经具有 PCB 封装信息，因此可以通过选择 ISIS 的工具(Tools)菜单下的 Netlist to ARES 命令直接进入 ARES PCB 设计。

1.10.2　放置元件

选择器件(Component)图标(在基于网络表设计中，封装表示为器件，由原理图设定，不是用户直接在 ARES 中选取的封装)，对象选择器中就会显示所有器件，如图 1-53 所示。

图1-53　PPSU示例设计中的对象选择器

器件在放置前(使用旋转图标)、放置过程中(使用数字键盘的“+”和“-”键)和放置后(选中对象，在右键菜单中选择相应的旋转图标)都可以选择其放置方向。器件在放置后，会从对象选择器上消失。如果已经布放的器件被删除，它会回到对象选择器上。如图1-54所示为布线前放置的所有器件。注意，前面提到的封装模式是不具备这个功能的，只有网络表设定的器件才能这样。

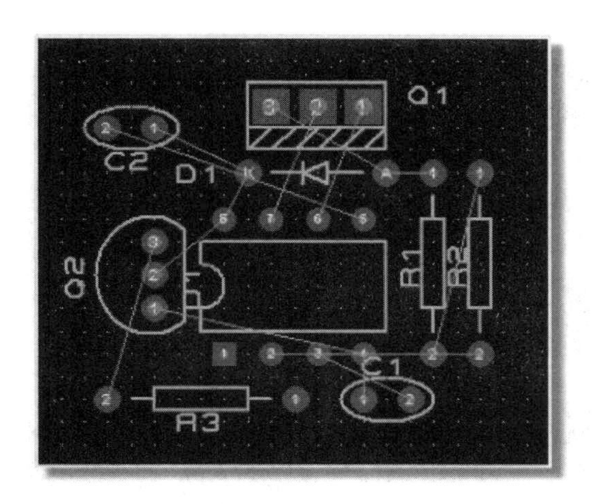

图1-54　PPSU版图在布线前放置了所有器件

1.10.3　编辑放置的元件

对于已放置的器件，编辑放置方法如下：

(1) 用鼠标拖曳其主体或焊盘(但是不能是标签)大范围移动。在拖曳时，还可以使用映射的按键(默认是数字键盘的“+”和“-”键)来使之旋转。

(2) 移动其标签，在选中整个器件后，仅拖曳其标签。

(3) 选中并使用相应的文本菜单实现对象的旋转或镜像。

(4) 选中并左键单击标签，可以编辑标签。

1.10.4 飞线

放置了器件后，可以看到对象放置后显示出绿色的“飞线”或“连接”，越长的飞线说明器件的位置越差。可以在放置或拖曳的同时使用键盘快捷方式旋转器件，结合飞线的显示，可以快速地优化器件放置的方向。不但在器件放置时，就是在拖曳器件时 ARES 也会重新计算飞线，这意味着飞线会在器件焊盘移动时同步变化。飞线在布线时是动态的，可以清晰地指示开始布线后端点最近的连接。

1.10.5 手工布线

选择连线图标并左键单击器件某引脚，这时会有以下几种情况出现：

(1) 视图上方的状态条将显示一个提示信息表明在对网络的器件布线。

(2) 最靠近的目的焊盘将高亮，飞线将变为指向该目标焊盘。

(3) 一个导线的虚影将跟随鼠标，显示要放置的导线线段和走线层。

例如，图 1 - 55 所示布线中，从 U4 的 Pin4 布线到 R2 的 Pin2 的过程是：在指向 C1 左边的引脚点击左键，ARES 将感知布线完成并将连接替换成一段 25th 的导线，再左击 U1 的引脚 4，上移到一个网格对角，单击左键，再平移一个网格转下连到 R2 下引脚，手动布线即告完成。

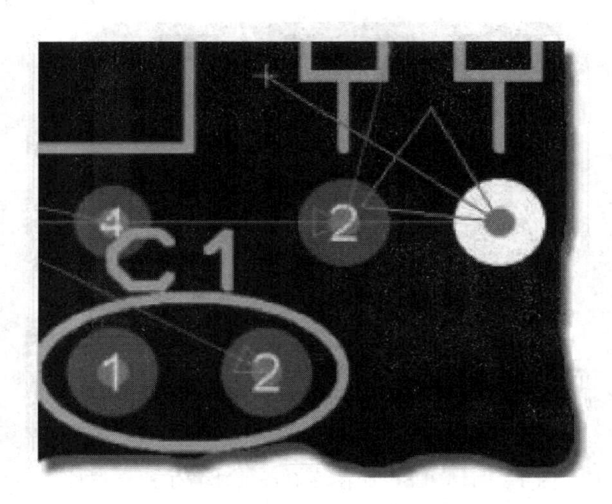

图 1 - 55 从 U4 的 Pin4 布线到 R2 的 Pin2

在布线过程中，布线的板层取决于层选择器(Layer Selector)，它默认位于 ARES 软件的左下方。ARES 会交互地监视布线过程，并提示任何违反板层设计规则的错误。

1.10.6 自动布线

使用自动布线器过程中，计算机帮我们做了所有工作。重新装载 PPSU. LYT，然后从工具(Tools)菜单调用自动布线器(Auto - Router)命令。采用默认设置，因此直接按 OK，屏幕下方的状态显示将呈现进度和进程内容，黄色的路径是考虑布线的位置。在现代的计算机上布线很快，几乎看不到布线过程。

1.10.7 连接规则检查

连接规则检查工具确定相互连接的引脚(通过导线和过孔)，并与网络表中赋予同样网络的引脚比较。可以通过工具(Tools)菜单启动“net - group”在线报告功能。该功能将生成每个网络并将其写到一个文件中，同时列出任何网络表设定以及没有放置的器件。如果点击列出的项目，有错误的网络或网络组将高亮显示。如果设计是从网络表开始布局的，特别是使用自动布线器布线的，通常不会犯缺少连接以外的错误。

1.10.8 生成制板文件

通常需要生成Gerber/CADCAM数据并提供给制造商以完成制板，这需要通过ARES的输出(Output)菜单里的CADCAM输出(CADCAM Output)命令来实现。

第二章　Keil C51 集成开发环境使用及程序下载

本章为 Keil C51 集成开发环境使用及程序下载，主要介绍单片机开发过程需要用到的常见技术、软件使用方法。其中，重点介绍 Keil C51 集成开发环境，包括 Keil C51 软件包及其安装过程。Keil C 软件的操作说明和调试范例，包括如何创建 Keil C51 应用程序，如何进行编译连接环境设置以及程序的编译、连接。最后介绍常用的 stc-isp 单片机下载程序的使用方法。通过这一章的学习，可以让学习者了解单片机设计完成的具体过程以及所用到的具体软件的使用方法，从而为今后实际项目的完成打下实践基础。

2.1　Keil C51 软件包及其安装

2.1.1　Keil C51 软件简介

Keil C51 是美国 Keil Software 公司出品的 51 系列兼容单片机 C 语言软件开发系统，是目前最流行的开发 MCS－51 系列单片机的软件，Keil 提供包括 C 编译器、宏汇编、连接器、库管理和一个功能强大的仿真调试器等在内的完整开发方案，通过一个集成开发环境(μVision)将这些部分组合在一起。利用 Keil C51 编辑环境可以完成编辑、编译、连接、调试、仿真等整个开发流程。开发人员可用其本身或其他编辑器编辑 C 语言或汇编源件，然后分别由 C51 及 A51 编译器编译生成目标文件(.OBJ)。目标文件可由 LIB51 创建生成库文件，也可以与库文件一起经 L51 连接定位生成绝对目标文件(.ABS)。ABS 文件由 OH51 转换成标准的 HEX 文件，以供调试器 dScope51 或 tScope51 使用，进行源代码级调试，也可由仿真器使用，直接对目标板进行调试，或者直接写入程序存储器，如 PROM 中。

2.1.2　Keil 软件的安装

运行 Keil 软件需要 Pentium 或以上的 CPU，16 MB 及以上 RAM、20 MB 以上空闲的硬盘空间、WIN98、NT、WIN2000、WINXP 等操作系统。Keil 软件的安装过程一般如下：

(1) 将带有 Keil 安装软件的光盘放入光驱里，打开光驱中带有 Keil 安装软件的文件夹，双击 Setup 文件夹中的“Setup”即开始安装，出现如图 2－1 所示的安装界面。

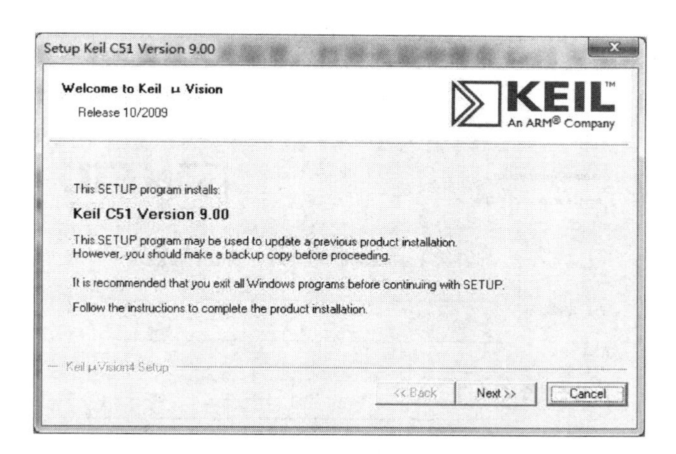

图 2-1　安装欢迎界面

(2) 单击"Next"，出现如图 2-2 所示的协议认可对话框。

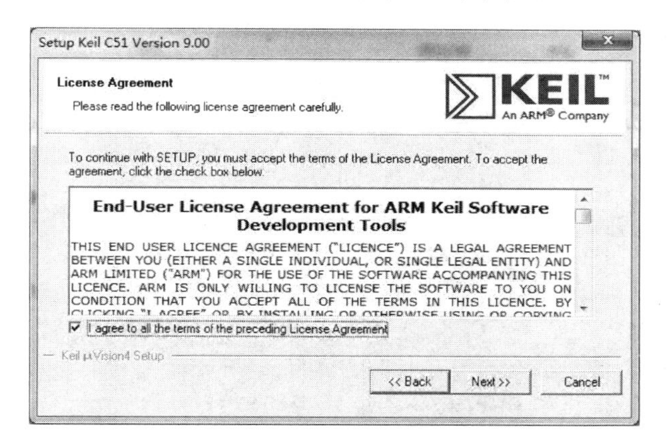

图 2-2　协议认可对话框

(3) 选中图 2-2 中的复选框。单击"Next"，出现如图 2-3 所示的选择安装路径对话框。

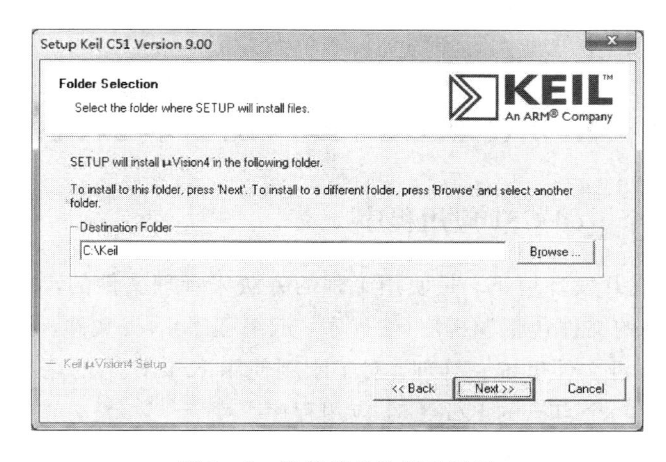

图 2-3　安装路径选择对话框

(4) 选择好安装路径后，单击“Next”，出现如图 2-4 所示的使用者信息对话框，需要输入使用者信息。

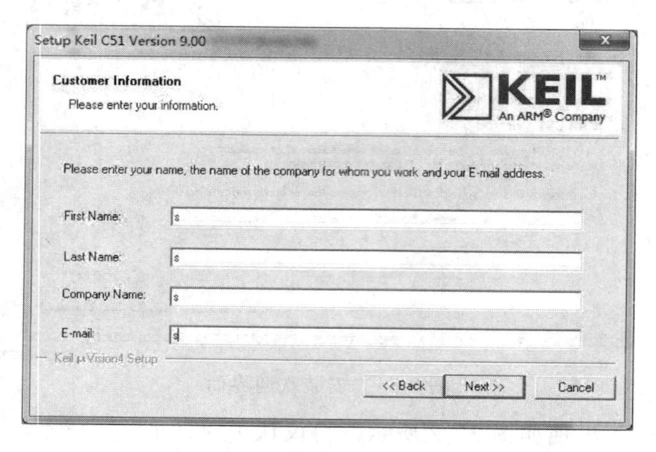

图 2-4　使用者信息对话框

(5) 在使用者信息对话框随便输入些内容，单击“Next”，如图 2-5 所示，即开始安装程序，安装完毕后自动会弹出安装完毕对话框，如图 2-6 所示，再点击“Finish”后，即可完成软件的安装过程。

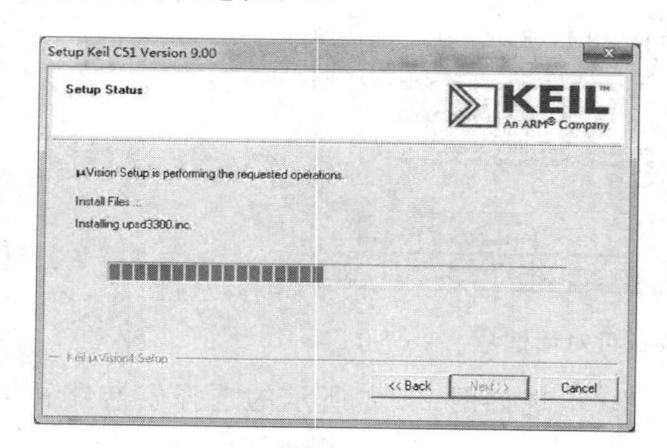

图 2-5　安装程序进展界面

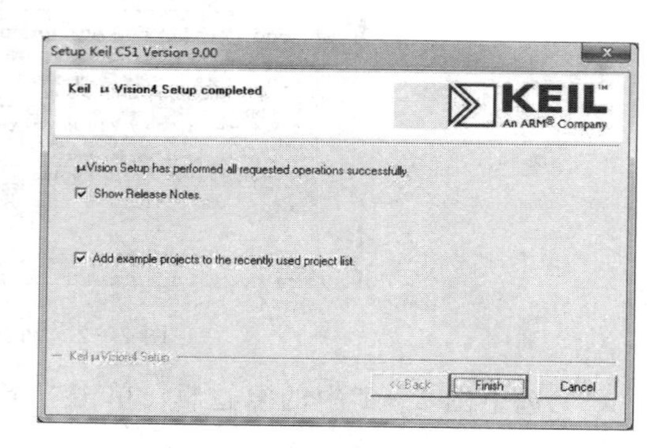

图 2-6　安装完毕对话框

2.2　Keil C 软件的操作说明和调试范例

2.2.1　创建第一个 Keil C51 应用程序

在 Keil C51 集成开发环境下，是使用工程的方法来管理文件的，而不是按单一文件的模式管理文件。所有的文件包括源程序(C 程序、汇编程序)、头文件，甚至说明性的技术文档都可以放在工程项目文件里统一管理。对于刚刚使用 Keil C51 的用户来讲，一般可以按照下面的步骤来创建一个自己的 Keil C51 应用程序。

(1) 新建一个工程项目文件。

(2) 为工程选择目标器件(例如选择 PHILIPS 的 P89C52X2)。

（3）为工程项目设置软硬件调试环境。

（4）创建源程序文件并输入程序代码。

（5）保存创建的源程序项目文件。

（6）把源程序文件添加到项目中。

下面以创建一个新的工程文件 Led_Light. μV4 为例，详细介绍如何建立一个 Keil C51 的应用程序。

（1）双击桌面上的 Keil C51 快捷图标，进入如图 2－7 所示的 Keil C51 集成开发环境。

图 2－7　Keil C51 集成开发界面

若打开的 Keil C51 界面有所不同，是因为启动 μVision4 后，μVision4 总是打开用户前一次正确处理的工程，可以通过点击菜单栏的[Project]选项中的[Close Project]命令关闭该工程。

（2）点击菜单栏的[Project]选项，在弹出如图 2－8 所示的下拉菜单中选择[New Project]命令，建立一个新的 μVision4 工程，这时可以看到如图 2－9 所示的项目文件保存对话框。

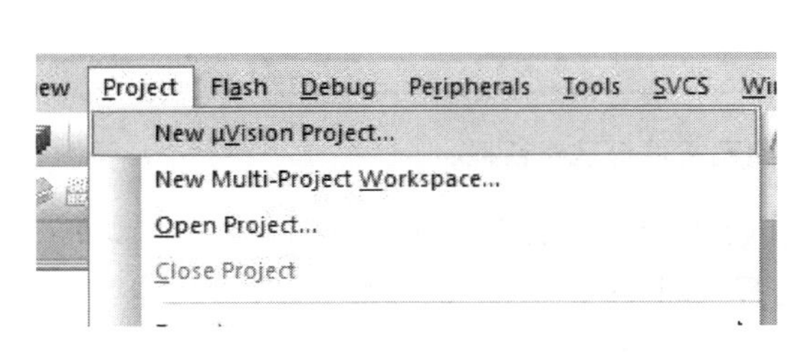

图 2－8　新建工程项目下拉菜单

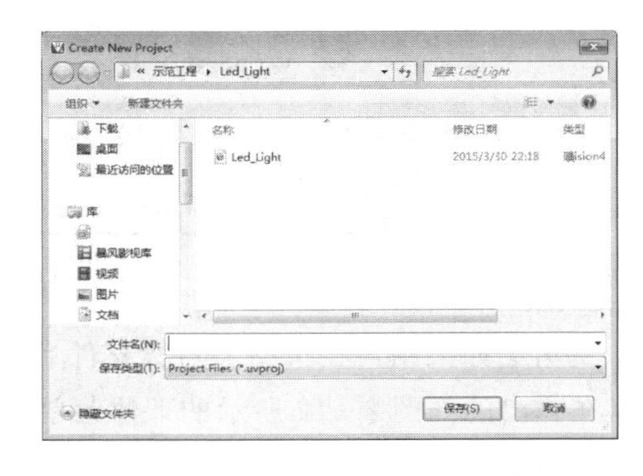

图 2－9　新建工程项目对话窗口

在这里需要完成下列事情：

① 为工程取一个名称，注意工程名应便于记忆且文件名不宜太长。

② 选择工程存放的路径，建议为每个工程单独建立一个目录，并且工程中需要的所有

文件都放在这个目录下。

③ 选择工程目录，如 D：\示范程序\Led_Light，输入项目名，如 Led_Light，然后点击“保存”按钮返回。

(3) 在工程建立完毕以后，μVision4 会立即弹出如图 2－10 所示的器件选择窗口。器件选择的目的是告诉 μVision4 最终使用的 80C51 芯片的型号是哪一个公司的哪一个型号，因为不同型号的 51 芯片内部的资源是不同的，μVision4 可以根据选择进行 SFR 的预定义，还可以在软硬件仿真中提供易于操作的外设浮动窗口等。

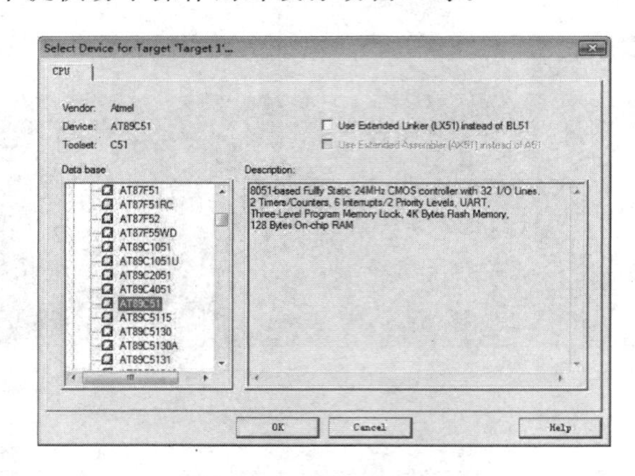

图 2－10　器件选择窗口

由图 2－10 可以看出，μVision4 支持的所有 CPU 器件的型号根据生产厂家形成器件组，用户可以根据需要选择相应的器件组并选择相应的器件型号，如 ATMEL 器件组内的 AT89C51。

单击对话框中的“OK”后，会出现一个向工程中添加程序启动代码程序文件的提示对话框，如图 2－11 所示，这时单击“否”即可。

图 2－11　添加启动代码文件提示对话框

另外，如果用户在选择完目标器件后想重新改变目标器件，可点击菜单栏[Project]选项，在弹出的如图 2－12 所示的下拉菜单中选择“Select Device for Target‘Target 1’”命令，也将出现如图 2－10 所示的对话窗口，可重新进行选择。由于不同厂家的许多型号性能相同或相近，因此如果用户的目标器件型号在 μVision4 中找不到，用户可以选择其他公司的相近型号的器件。

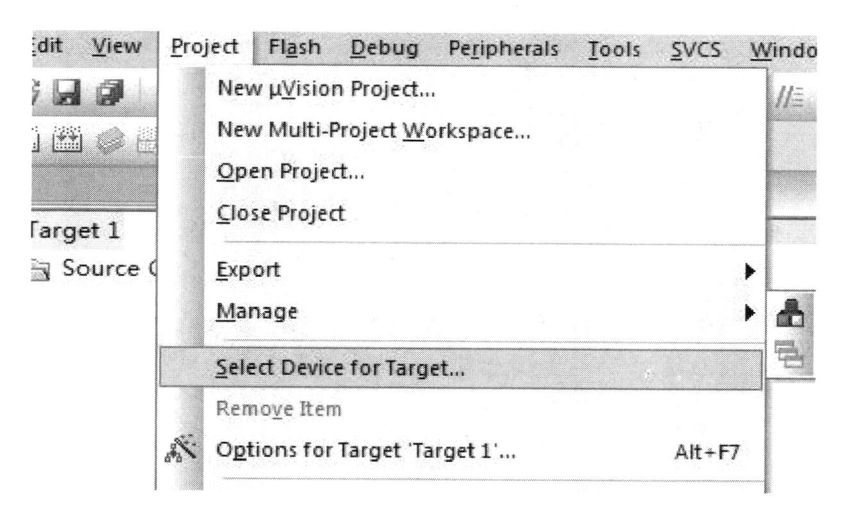

图 2-12　器件选择命令下拉菜单

(4) 至此，用户已经建立了一个空白的工程项目文件，并为工程选择好了目标器件，但是这个工程里没有任何程序文件。程序文件的添加必须人工进行，但如果程序文件在添加前还没有建立，用户还必须先建立它。点击菜单栏的[File]选项，在弹出的如图 2-13 所示的下拉菜单中选择[New]命令，这时在文件窗口会出现如图 2-14 所示的新文件窗口 Text1，如果多次执行[New]命令则会出现 Text2、Text3 等多个新文件窗口。

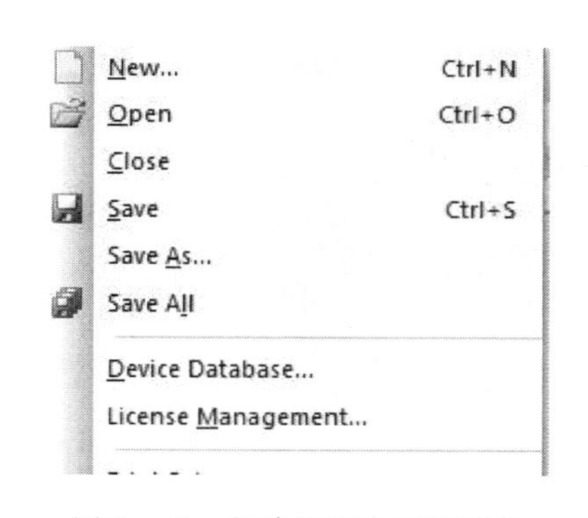

图 2-13　新建源程序下拉菜单

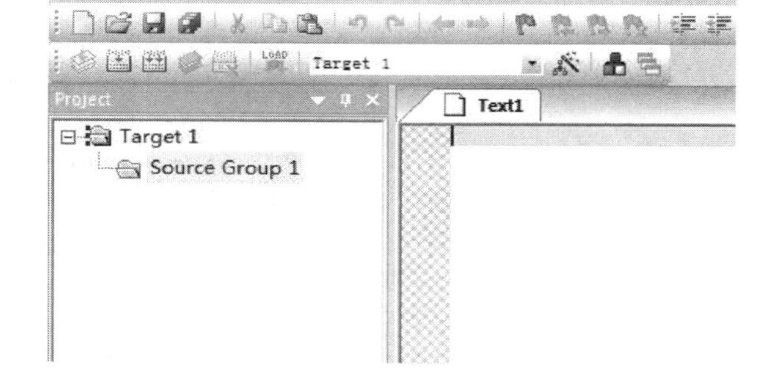

图 2-14　源程序编辑窗口

(5) 点击菜单栏的[File]选项，在弹出的下拉菜单中选择保存命令存盘源程序文件，这时会弹出如图 2-15 所示的存盘源程序画面，在文件名栏内输入源程序的文件名，在此示范中把 Text1 保存成 Led_Light. asm。注意由于 Keil C51 支持汇编语言和 C 语言，且 μVision4 要根据后缀判断文件的类型，从而自动进行处理，因此存盘时注意输入的文件名应带扩展名. asm 或. c。

源程序文件 Led_Light. asm 是一个汇编语言 A51 源代码程序，如果用户建立的是一个 C 语言源程序，则输入文件名称 Led_Light. c。保存完毕后请注意观察，保存前后源程序关键字变成蓝颜色，这也是用户检查程序命令行的好方法。

图 2-15　源程序文件保存对话框

(6) 需要特别提出的是，这个程序文件仅仅是建立了而已，Led_Light.asm 文件到现在为止跟 Led_Light.μV4 工程还没有建立起任何关系。此时用户应该把 Led_Light.asm 源程序添加到 Led_Light.μV4 工程中，构成一个完整的工程项目。在 Project Windows 窗口内，选中“[Source Group1]”后点击鼠标右键，在弹出的快捷菜单中选择“[Add Files to Group “Source Group1”]”(向工程中添加源程序文件)命令，此时会出现如图 2-16 所示的添加源程序文件窗口。

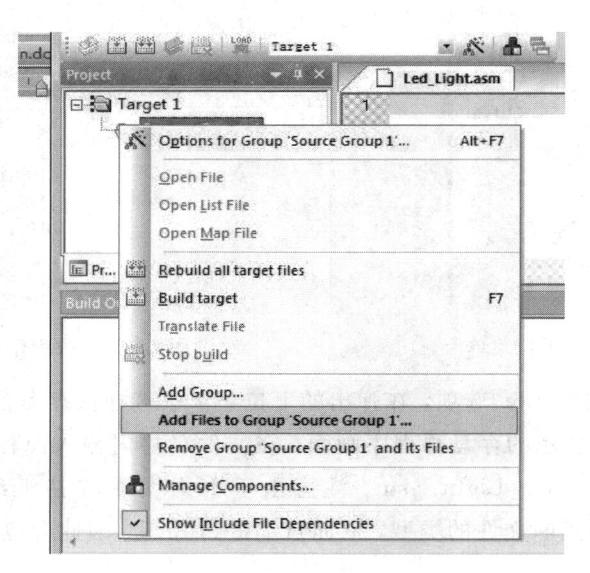

图 2-16　添加源程序快捷菜单

选择刚刚创建编辑的源程序文件 Led_Light.asm，单击[Add]命令即可把源程序文件添加到项目中。由于添加源程序文件窗口中的默认文件类型是 C SourceFile(＊.c)，因此在搜索显示区中则不会显示刚才创建的源程序文件(由于它的文件类型是＊.asm)。改变搜索文件类型为 Asm Source File(＊.a＊；＊.src)，然后选择 Led_Light.asm 源程序文件即可。

(7) 在 Led_Light. μV4 项目的源程序 Led_Light. asm 中，用户可以执行输入、删除、选择、拷贝、粘贴等程序修改操作。

2.2.2 程序文件的编译、连接

1. 编译连接环境设置

μVision4 调试器可以调试用 C51 编译器和 A51 宏汇编器开发的应用程序，μVision4 调试器有两种工作模式，用户可以通过点击菜单栏中的[Project]选项，或者使用鼠标右键单击项目导航栏的[Target 1]，在弹出如图 2-17 所示的下拉菜单中选择“Option For Target‘Target 1’”命令为目标设置工具选项，这时会出现如图 2-18 所示的调试环境设置窗口，点击“Output”选项卡，在出现的窗口中选中“Create Hex File”选项，在编译时系统将自动生成目标代码文件 *.hex。选择 Debug 选项会出现如图 2-19 所示的工作模式选择窗口，在此窗口中可以设置不同的仿真模式。

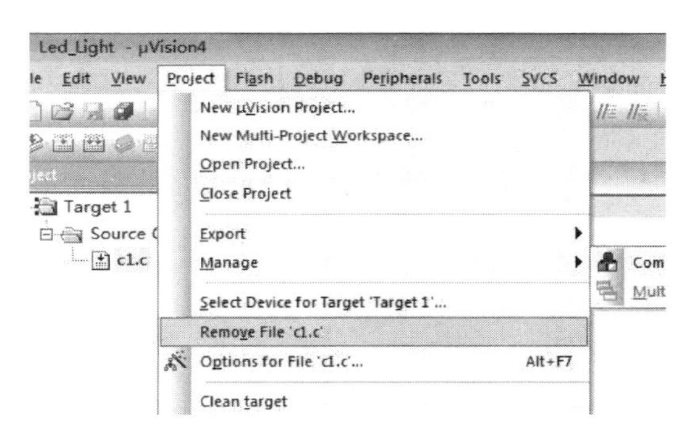

图 2-17 下拉菜单

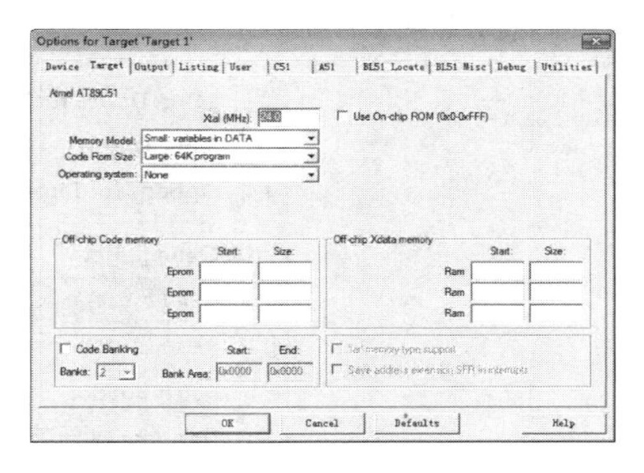

图 2-18 Keil C51 调试环境设置窗口

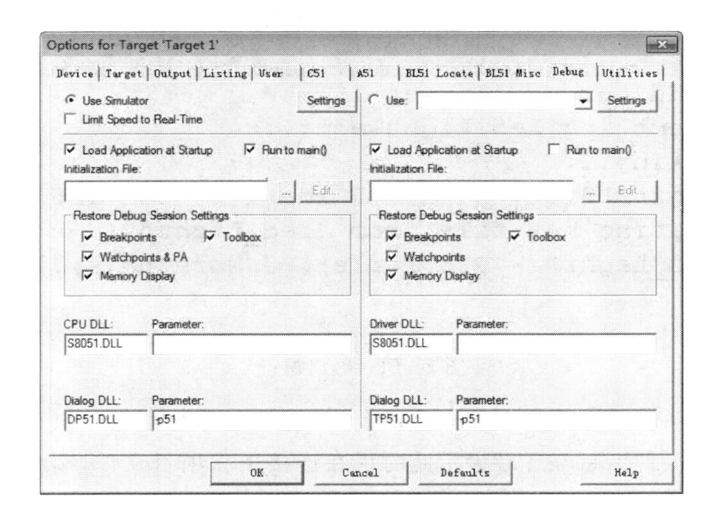

图 2-19 Debug 设置窗口

从图 2-19 中可以看出，μVision4 的两种工作模式分别是：Use Simulator(软件模拟)和 Use(硬件仿真)。其中 Use Simulator 选项是将 μVision4 调试器设置成软件模拟仿真模式，在此模式下，不需要实际的目标硬件就可以模拟 80C51 微控制器的很多功能，在准备硬件之前就可以测试您的应用程序，这是很有用的。Use 选项有高级 GDI 驱动(TKS 仿真器)和 Keil Monitor－51 驱动(适用于大部分单片机综合仿真实验仪的用户目标系统)，运用此功能用户可以把 Keil C51 嵌入到自己的系统中，从而实现在目标硬件上调试程序。若要使用硬件仿真，则应选择 Use 选项，并在该栏后的驱动方式选择框内选择时此时的驱动程序库。在此由于只需要调试程序，因此用户可以选择软件模拟仿真，在图 2－19 中 Debug 栏内选中“Use Simulator”选项，点击“确定”命令按钮加以确认，此时 μVision4 调试器即配置为软件模拟仿真。

2. 程序的编译、连接

完成以上的工作就可以编译程序了。点击菜单栏中的[Project]选项，在弹出如图 2－20 所示的下拉菜单中选择“Build Target”命令对源程序文件进行编译，当然也可以选择“Rebuild all target files”命令对所有的工程文件进行重新编译，此时会在“Build Output”信息输出窗口输出一些相关信息，如图 2－21 所示。

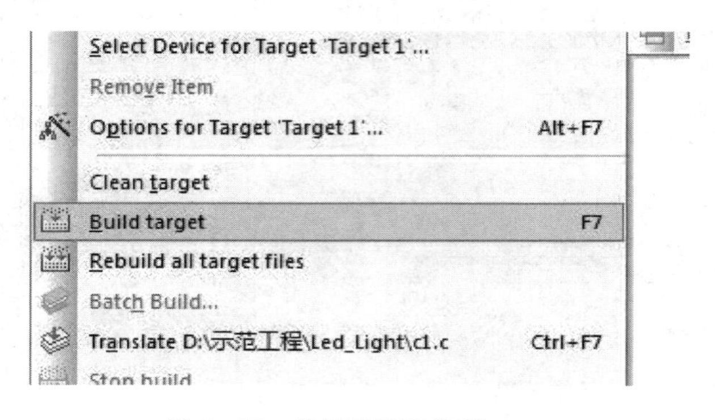

图 2－20　编译连接菜单项

```
Build Output
Build target 'Target 1'
assembling Led_Light.asm...
linking...
Program Size: data=8.0 xdata=0 code=126
creating hex file from "Led_Light"...
"Led_Light" - 0 Error(s), 0 Warning(s).
```

图 2－21　输出窗口

在图 2－21 中，第二行“assembling Led_Light. asm”表示此时正在编译“Led_Light. asm”源程序，第三行“linking...”表示此时正在连接工程项目文件，第五行“Creating hex file from‘Led_Light’”说明已生成目标文件 Led_Light. hex，最后一行说明 Led_Light. μV4 项目在编译过程中不存在错误和警告，编译连接成功。若在编译过程中出现错误，系统会给出错误所在的行和该错误提示信息，用户应根据这些提示信息，更正程序中出现的错误，重新编译直到完全正确为止。

至此，一个完整的工程项目 Led_Light. μV4 已经完成，但一个符合要求的、好的工程项目(系统、文件或程序)是要经得起考验的。它往往还需要经历软件模拟、硬件仿真、现场系统调试等反复修改、更新的过程。

2.3　stc - isp 单片机下载程序介绍

在 Keil 平台上写 51 单片机的 C 程序或汇编程序，写完的程序要进行编译生成 hex 文件(十六进制文件，也就是常说的机器代码)，该 hex 文件即为一般下载软件需要用到的文件，而 stc - isp. exe 是给 STC 单片机下载程序的，STC 单片机烧录工具(STC - ISP)主要是将用户的程序代码与相关的选项设置打包成为一个可以直接对目标芯片进行下载编程的超级简单的用户界面的可执行文件。利用该下载软件下载的主要过程如下：

(1) 接通控制板的电源。

(2) 用串口线将控制板串口与计算机串口相连。

注意 如果利用计算机的 USB 端口下载，一方面，需要将利用 USB 转串口线把电脑的 USB 口和开发板的串口连接；另一方面，需要先安装好 USB 转串口线的驱动程序。

(3) 下载 STC 单片机下载软件，或者打开光盘内的 STC 下载软件，该软件可免安装直接使用。

(4) 下载后，找到并双击 stc - isp. exe 图标，打开 STC 下载软件，具体如图 2 - 22 所示。

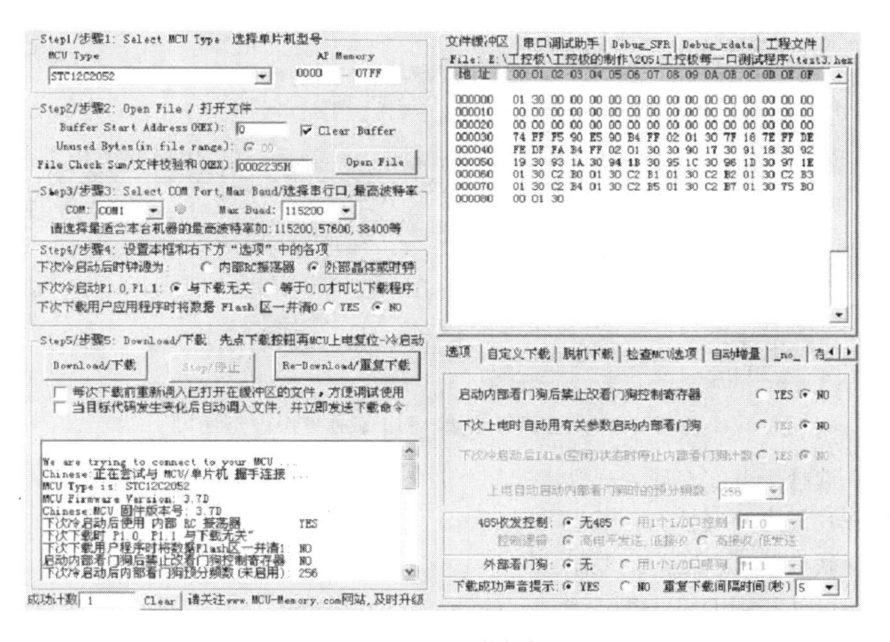

图 2 - 22　STC 下载软件界面

(5) 单击窗口下拉菜单，选择待烧写的芯片型号 MCU Type(如常见的 MCU Type 选择 STC89C52)，具体如图 2 - 23 所示。

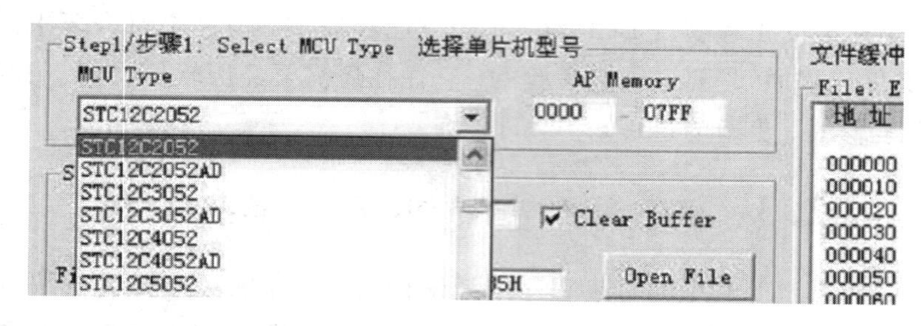

图 2-23　选择待烧写的芯片型号操作界面

(6) 单击 Open File 按钮，选择要下载的文件(该文件为已经由 Keil 软件生成的. hex 文件)，具体如图 2-24 所示。

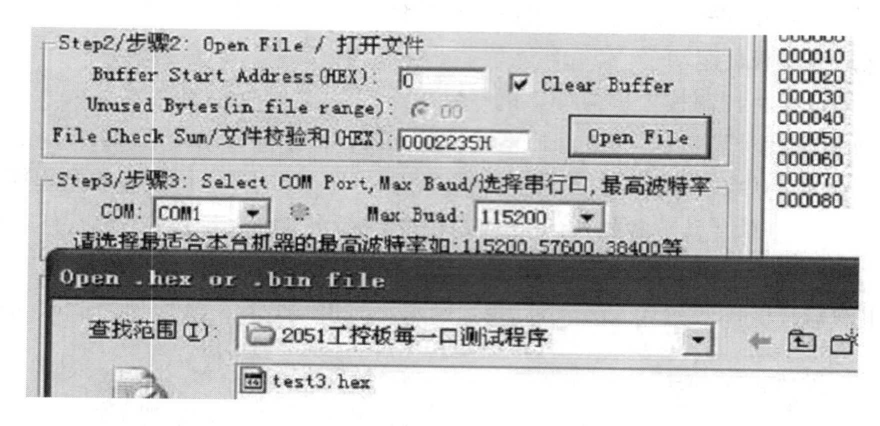

图 2-24　选择待下载的文件操作界面

(7) 选择下载端口和下载速度，具体如图 2-25 所示。

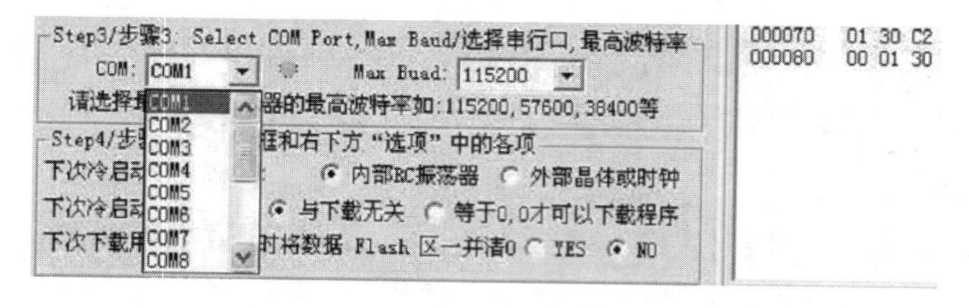

图 2-25　选择下载端口和下载速度操作界面

注意 在选择下载端口时，一般步骤如下：

① 打开我的电脑属性。

② 选择硬件，打开设备管理器。

③ 在端口处找到 USB-To-Serial Comm Port(根据用户所接的 USB 接口会显示不同的 COM 端口)，一般显示 COM8 以内，如果超过 COM8，说明电脑有软件冲突，请重新安装系统。在此下载界面处选择在设备管理器中查看到的 COM 口。

(8) 选择下载后其他芯片的选项操作具体如图 2-26 所示。

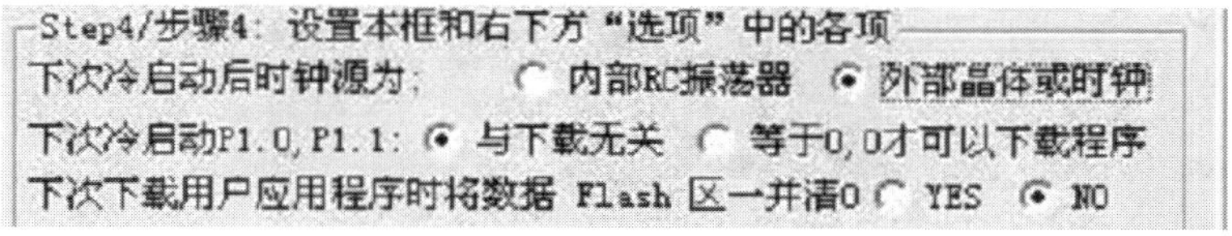

Step4/步骤4：设置本框和右下方"选项"中的各项
下次冷启动后时钟源为：　内部RC振荡器　外部晶体或时钟
下次冷启动P1.0，P1.1：与下载无关　等于0，0才可以下载程序
下次下载用户应用程序时将数据 Flash 区一并清0　YES　NO

图 2－26　选择下载后其他芯片选项操作界面

（9）开始下载。

先点击 Download/下载，然后按下载板上的 POWER ON 键。

注意 在点击 Download/下载以后要等提示"给 MCU 上电"时再将开发板上电，这是冷启动，具体如图 2－27 所示。

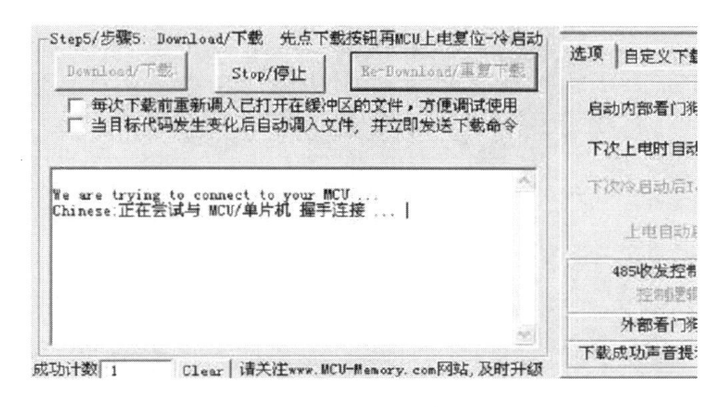

图 2－27　开始下载界面

（10）断开控制板总电源，使芯片彻底失电，再接通控制板总电源，使芯片重新上电，软件继续下载，并提示下载完成，具体如图 2－28 所示。

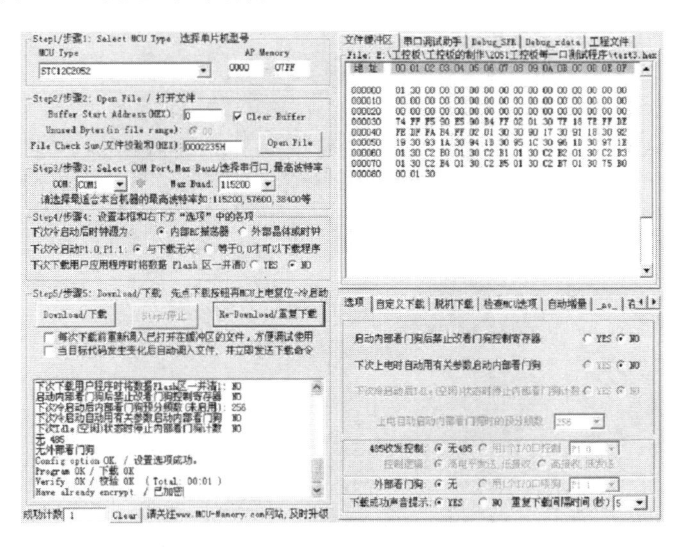

图 2－28　下载完成界面

思　考　题

1. 简述 Keil 51 软件包的特点及其安装过程。
2. 简述 Keil C 软件的操作过程。
3. 简述 stc－isp 单片机程序的下载过程。
4. 如何创建一个 Keil C51 应用程序?
5. 如何对 Keil C51 编译连接环境进行设置?
6. stc－isp 下载过程中，选择下载端口的一般步骤是什么?

第二篇　基础理论篇

本篇为基础理论篇，简明扼要地叙述了单片机的基础理论及软硬件资源，包括单片机的引脚功能、指令系统、定时器、中断、串口等知识。

第三章 单片机基础理论及软硬件资源

3.1 单片机基本结构

单片机为工业测控设计，又称微控制器，主要应用于工业检测与控制、计算机外设、智能仪器仪表、通讯设备、家用电器等，特别适合于嵌入式微型机应用系统。

单片机主要具有如下特点：

(1) 有优异的性能价格比。

(2) 集成度高、体积小、很高的可靠性。

(3) 控制功能强。

(4) 单片机的系统扩展、系统配置较典型、规范，非常容易构成各种规模的应用系统。

世界上一些著名的半导体器件厂家，如 Intel、Motorola、Philips 等都是常用单片机系列的生产厂家，目前，在众多厂家生产的通用型单片机里，以 Intel 公司的 MCS 系列单片机最为著名。Intel 公司的单片机市场占有量为 67%，其中 MCS-51 系列产品又占 54%。因此，本书主要以 MCS-51 系列产品为主线展开研究。

MCS-51 系列单片机的典型产品为 8051、8751、8031。它们的基本组成和基本性能都是相同的。

8051 是 ROM 型单片机，内部有 4 KB 的掩膜 ROM，即单片机出厂时，程序已由生产厂家固化在程序存储器中；8751 片内含有 4 KB 的 EPROM，用户可以把编好的程序用开发机或编程器写入其中，需要修改时，可以先用紫外线擦除器擦除，然后再写入新的程序；8031 片内含有 ROM，使用时需外接 EPROM。

除以上不同外，8051、8751 和 8031 的内部结构是完全相同的，都具有如下主要特性：

(1) 8 位 CPU。(2) 寻址 64 KB 的片外程序存储器。(3) 寻址 64 KB 的片外数据存储器。(4) 128 B的片内数据存储器。(5) 32 根双向和可单独寻址的 I/O 线。(6) 采用高性能 HMOS 生产工艺生产。(7) 有布尔处理(位操作)能力。(8) 含基本指令 111 条。(9) 一个全双工的异步串行口。(10) 两个 16 位定时/计数器。(11) 5 个中断源，两个中断优先级。(12) 有片内时钟振荡器。

3.1.1 MCS-51 单片机的内部基本结构

计算机的体系结构仍然没能突破由计算机的开拓者——数学家约翰·冯·诺依曼最先提出来的经典体系结构框架，即一台计算机是由运算器、控制器、存储器、输入设备以及输出设备共五个基本部分组成的。微型机是这样，单片机也不例外，只不过是运算器，控制器，少量的存储器，基本的输入/输出电路，串行口电路，中断和定时电路等都能集成在一个尺寸有限的芯片上。其系统结构框图如图 3-1 所示。

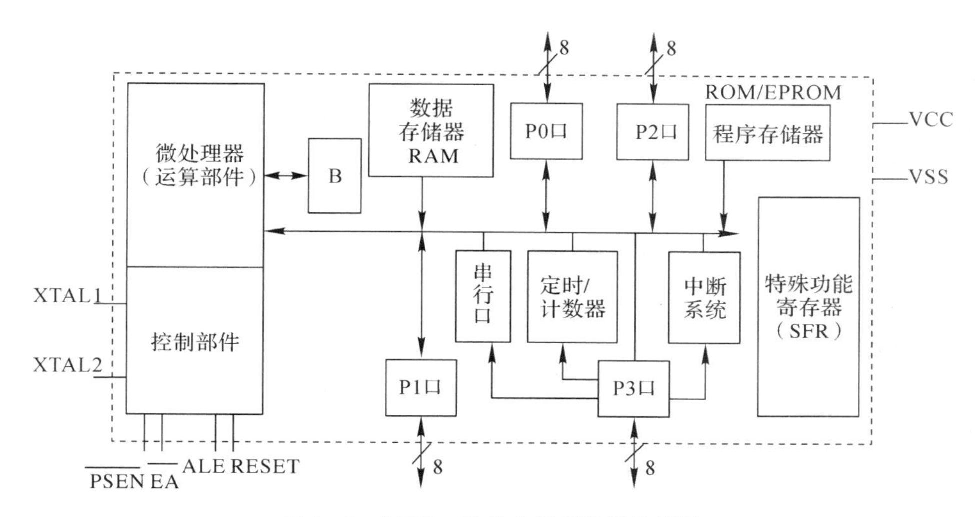

图 3-1 MCS-51 单片机系统结构框图

具体介绍如下：

1. 中央处理器(CPU)

中央处理器简称 CPU，是单片机的核心，完成运算和控制操作。按其功能，中央处理器包括运算器和控制器两部分电路。

1）运算器电路

运算器电路是单片机的运算部件，用于实现算术和逻辑运算。

2）控制电路

控制电路是单片机的指挥控制部件，保证单片机各部分能协调地工作。单片机执行指令是在控制电路的控制下进行的。

2. 内部数据存储器

实际上 MCS-51 中的 8051 芯片中共有 256 个 RAM 单元，但其中的 128 单元被专用寄存器占用，供用户使用的只是前 128 单元，用于存放可读、写的数据。因此，通常所说的内部数据存储器是指 128 单元，简称“内部 RAM”。

3. 程序存储器

MCS-51 中的 8051 芯片共有 4 KB 掩膜 ROM，用于存放程序和原始数据。因此称之为程序存储器，简称“内部 ROM”。

4. 定时器/计数器

MCS-51 共有两个 16 位的定时器/计数器，以实现定时或计数功能，并以其定时或计数结果对单片机进行控制。

5. 并行 I/O 口

MCS-51 共有 4 个 8 位的 I/O 口(P0，P1，P2，P3)，以实现数据的并行输入输出。

6. 串行口

MCS-51 单片机有一个全双工的串行口，以实现单片机和其他数据设备之间的串行数据传送。该串行口功能较强，既可作为全双工异步通信收发器使用，也可作为同步移位器使用。

7. 中断控制系统

MCS－51单片机的中断功能较强，共有5个中断源，即外中断2个，定时/计数中断2个，串行中断1个。全部中断分为高级和低级共两个优先级别。

8. 时钟电路

MCS－51芯片的内部有时钟电路，但石英晶体和微调电容需外接，时钟电路为单片机产生时钟脉冲序列，典型的晶振频率为12 MHz。

9. 位处理器

单片机主要用于控制，需要有较强的位处理功能，因此，位处理器是它的必要组成部分，在一些书中常把位处理器称为布尔处理器。

10. 总线

上述这些部件都是通过总线连接起来，从而构成一个完整的单片机系统，其地址信号，数据信号和控制信号都是通过总线传送。

3.1.2 MCS－51单片机的引脚功能

MCS－51系列单片机封装方式有5种：40脚双列直插式(DIP封装)方式，44脚方形封装方式，48脚DIP封装方式，52脚方形封装方式，68脚方形封装方式。

其中，40脚双列直插式(DIP封装)方式和44脚方形封装方式为基本封装方式。8051、8031、8052AH、8032AH、8752BH、8051AH、8031AH、8751AH、80C51BH、80C31BH、87C51等都属于这两种封装形式。这两种封装形式的引脚完全一样，排列不同。方形封装芯片的4个边的中心位置为空脚(依次为1脚，12脚，23脚，34脚)，左上角为标志脚，上方中心位置为1脚，其他引脚逆时针依次排列。图3－2为MCS－51系列单片机的引脚图(40脚DIP封装)。

下面简述各个引脚的功能。

8031 / 8051 / 8751

引脚名	脚号	脚号	引脚名
P1.0	1	40	VCC
P1.1	2	39	P0.0
P1.2	3	38	P0.1
P1.3	4	37	P0.2
P1.4	5	36	P0.3
P1.5	6	35	P0.4
P1.6	7	34	P0.5
P1.7	8	33	P0.6
RST/VPD	9	32	P0.7
RXD/P3.0	10	31	EA/VPP
TXD/P3.1	11	30	ALE/PROG
INT0/P3.2	12	29	PSEN
INT1/P3.3	13	28	P2.7
T0/P3.4	14	27	P2.6
T1/P3.5	15	26	P2.5
WR/P3.6	16	25	P2.4
RD/P3.7	17	24	P2.3
XTAL2	18	23	P2.2
XTAL1	19	22	P2.1
VSS	20	21	P2.0

图3－2 MCS－51系列单片机芯片引脚图

基本信号和引脚介绍：

1. 电源引脚 VSS 和 VCC

VSS：接地。

VCC：正常操作，对 EPROM 编程和验证时接+5 伏电源。

2. 外接晶体引脚 XTAL1 和 XTAL2

当使用芯片内部时钟时，这两个引线端用于外接石英晶体和微调电容；当使用外部时钟时，用于接外部时钟脉冲信号。

其中，XTAL1：外接晶体的一端，在单片机内部，它是一个反向放大器的输入端，该放大器构成了片内振荡器。当采用外部振荡器时，对于 HMOS 单片机，此引脚应接地。对于 CHMOS 单片机，此引脚作为驱动端。XTAL2：接外部晶体的另一端。在单片机内部，接至上述反向放大器的输出端。当采用外部振荡器时，对于 HMOS 单片机，此引脚接收振荡器信号，即把此信号直接接到内部时钟发生器的输入端；对于 CHMOS 单片机，此引脚应悬浮。

3. 复位信号 RST/VPD

当该引脚上出现两个机器周期以上的高电平，将使单片机复位；VCC 掉电期间，此引脚可接备用电源，以保持内部 RAM 的数据不丢失；当 VCC 低于规定水平，而 VPD 在其规定的电压范围(5±0.5)V 内，VPD 向内部 RAM 提供备用电源。

4. 地址锁存控制信号 ALE/$\overline{\text{PROG}}$

在系统扩展时，ALE 用于把 P0 口输出的低 8 位地址送入锁存器锁存起来，以实现低位地址和数据的分时传送。即使在不访问外部存储器时，ALE 仍以不变的频率周期性地出现正脉冲信号，此频率为晶振频率的 1/6，因此可作为外部时钟或外部定时脉冲使用。每当访问外部数据存储器时，将跳过一个 ALE 脉冲，以$(1/12)_{fosc}$频率输出 ALE 脉冲。

5. 外部程序存储器读选取通信号$\overline{\text{PSEN}}$

在外部程序存储器取指令(或常数)期间，每一个机器周期两次有效。以实现外部 ROM 单元的读操作。每当访问外部数据存储器时，这两次有效的信号将不出现。

6. 访问程序存储器控制信号$\overline{\text{EA}}$/VPP

当$\overline{\text{EA}}$为低电平时，CPU 仅执行外部程序存储器中的程序(对于 8031，由于其内部无程序存储器，$\overline{\text{EA}}$必须接地，只能选择外部程序存储器)。当$\overline{\text{EA}}$为高电平时，CPU 先执行内部程序存储器中的程序，当 PC(程序计数器)值超过 OFFFH(对 8051/8751/80C51)或 1FFFH(对 8052)，将自动转向执行外部程序存储器中的程序。

7. 输入/输出口线

P0 口(P0.0～P0.7)：8 位双向并行 I/O，负载能力为 8 个 LSTTL，没有内部上拉电路，所以在输出时，需要另接上拉电路。当访问外部存储器时，它是个复用总线，既作为数据总线 D0～D7，也作为地址总线的低 8 位(A0～A7)，当对 EPROM 编程和程序校验时，则输入和输出指令字节。

P1 口(P1.0～P1.7)：带有内部上拉电阻的 8 位双向 I/O 口。在 EPROM 编程和程序验证时，它接收低 8 位地址，能驱动 4 个 LSTTL 输入。

P2 口(P2.0～P2.7)：是个带有内部上拉电阻的 8 位双向 I/O 口。在访问外部存储器时，送出高 8 位地址。在对 EPROM 编程和程序验证时，接收高 8 位地址。能驱动 4 个 LSTTL 输入。

P3 口(P3.0～P3.7)：带有内部上拉电阻的 8 位双向 I/O 口。在 MCS-51 单片机中，这 8 个引脚都有各自的第二功能。

由于 MCS-51 系列单片机芯片的引脚数目是有限的，为实现其功能所需要的信号数目却远远超过此数，因此给一些信号引脚赋予双重功能。如果把前述的信号定义为引脚第一功能的话，则根据需要再定义的信号就是它的第二功能。第二功能信号定义主要集中在 P3 口线中，常见的第二功能信号如下。

P3 的 8 条口线都定义有第二功能，详见表 3-1。

表 3-1　P3 口线的第二功能

口　线	第二功能	信号名称
P3.0	RXD	串行数据接收端
P3.1	TXD	串行数据发送端
P3.2	$\overline{\text{INT0}}$	外部中断 0 申请输入端
P3.3	$\overline{\text{INT1}}$	外部中断 1 申请输入端
P3.4	T0	定时器/计数器 0 计数输入
P3.5	T1	定时器/计数器 1 计数输入
P3.6	$\overline{\text{WR}}$	外部 RAM 写选通
P3.7	$\overline{\text{RD}}$	外部 RAM 读选通

3.1.3　MCS-51 单片机的主要组成部分——存储器及 I/O 口

MCS-51 系列单片机由中央处理器、存储器和 I/O 口组成，在此重点介绍存储器和 I/O 口。

1. 存储器

51 系列单片机在物理上有 4 个存储空间：片内程序存储器(4 KB)，片外程序存储器(扩展 64 KB)，片内数据存储器(256 B)，片外数据存储器(扩展 64 KB)。其中，64 KB 的程序存储器中，有 4 KB 地址对于片内程序存储器和片外程序存储器是公共的，这 4 KB 的地址为 0000H～0FFFH，从 1000H～FFFFH 是外部程序存储器的地址，也就是说这 4 KB 内部程序存储器的地址是从 0000H～0FFFH，64 KB 外部程序存储器地址也是从 0000H～FFFFH；256 B 的片内数据存储器地址是从 00H～FFH(8 位地址)，而 64 KB 外部数据存储器的地址是从 0000H～FFFFH。下面分别叙述程序存储器和数据存储器的配置。

1）程序存储器

程序存储器用于存放编好的程序、表格和常数。CPU 的控制器专门提供一个控制信号 $\overline{EA}$来区别内部 ROM 和外部 ROM 的公共地址区 0000H～0FFFH；当$\overline{EA}$为高电平时，CPU 先执行内部程序存储器中的程序，当 PC(程序计数器)值超过 0FFFH(对 8051/8751/80C51)，CPU 将自动转向执行外部程序存储器。当$\overline{EA}$为低电平时，CPU 仅执行外部程序存储器中的程序，从 0000H 单元开始(对于 8031，由于其内部无程序存储器，$\overline{EA}$必须接地，只能选择外部程序存储器)。

在程序存储器中有一组特殊的单元，使用时应特别注意。

0000H～0002H 是系统的启动单元。所有程序的入口地址。

0003H～002AH 共 40 个单元被均匀地分为五段，每段 8 个单元，分别为五个中断源的中断服务入口区。使用 C51 进行编程时，编译器根据 C51 中的中断函数定义时中断号的使用情况，自动编译成相应的程序代码填入相应的服务入口区 。具体划分如下：

0003H～000AH 外部中断 0 中断地址区，0003H 为外部中断 0(中断号 0)入口。

000BH～0012H 定时/计数器 0 中断地址区，000BH 为定时/计数器 0(中断号 1)入口。

0013H～001AH 外部中断 1 中断地址区，0013H 为外部中断 1(中断号 2)入口。

001BH～0022H 定时/计数器 1 中断地址区，001BH 为定时/计数器 1(中断号 3)入口。

0023H～002AH 串行中断地址区，0023H 为串行中断(中断号 4)入口。

中断响应后，系统按中断种类，自动转到各服务入口区的首地址去执行程序。一般也是从服务入口区首地址开始存放一条无条件转移指令，以便中断响应后，通过服务入口区，再转到中断服务程序的实际入口地址去，即中断函数所在位置。

2）数据存储器

数据存储器分为内外两部分，8051 片内有 256 单元的 RAM，片外有 64 KB 的 RAM，内外 RAM 地址有重叠。其中，通常把这 256 个单元按其功能划分为两部分：低 128 单元(单元地址 00H～7FH)和高 128 单元(单元地址 80H～FFH)。

(1) 低 128 单元是单片机中供用户使用的数据存储器单元，即称之为内部 RAM 的存储器，其应用最为灵活，可用于暂存运算结果及标志位等，使用C语言编程时，通过指定不同的存储区域定义数据变量来使用不同的数据存储器。按用途把低 128 单元划分为以下 3 个区域。

① 工作寄存器区(C51 中编译器根据需要使用)。

地址：占据内部 RAM 的 00H～1FH 单元地址，内部 RAM 的前 32 个单元。

用途：作为寄存器使用，共分为 4 组，每组有 8 个寄存器，组号依次为 0，1，2，3。每个寄存器都是 8 位，在组中按 R7～R0 编号。

寄存器作用：寄存器常用于存放操作数及中间结果等，由于它们的功能及使用不作预先规定，因此称之为通用寄存器，有时也叫工作寄存器。

当前寄存器组：在任一时刻，CPU 只能使用其中的一组寄存器，并且把正在使用的那组寄存器称之为当前寄存器组。具体使用的是哪一组，由程序状态字寄存器 PSW 中 RS1，RS0 位的状态组合来决定。

通用寄存器有两种使用方法：一种是以寄存器的形式使用，用寄存器符号表示；另一种是以存储单元的形式使用，以单元地址表示。

通用寄存器为 CPU 提供了数据就近存取的便利，有利于提高单片机的处理速度。因此在 MCS－51 中使用通用寄存器的指令特别多，又多为单字节的指令，执行速度最快。

② 位寻址区。

地址：内部 RAM 的 20H～2FH 单元，既可作为一般 RAM 单元使用，进行字节操作，也可以对单元中的每一位进行位操作，因此把该区称之为位寻址区。

位地址：位寻址区共有 16 个 RAM 单元，总计 128 位，位地址为 00H～7FH。

作用：位寻址区是为位操作而准备的，是 MCS－51 位处理器的数据存储空间，其中的所有位均可以直接寻址。表 3－2 为位寻址区的位地址表。

表 3－2　内部 RAM 位寻址区的位地址

单元地址	MSB			位地址				LSB
2FH	7FH	7EH	7DH	7CH	7BH	7AH	79H	78H
2EH	77H	76H	75H	74H	73H	72H	71H	70H
2DH	6FH	6EH	6DH	6CH	6BH	6AH	69H	68H
2CH	67H	66H	65H	64H	63H	62H	61H	60H
2BH	5FH	5EH	5DH	5CH	5BH	5AH	59H	58H
2AH	57H	56H	55H	54H	53H	52H	51H	50H
29H	4FH	4EH	4DH	4CH	4BH	4AH	49H	48H
28H	47H	46H	45H	44H	43H	42H	41H	40H
27H	3FH	3EH	3DH	3CH	3BH	3AH	39H	38H
26H	37H	36H	35H	34H	33H	32H	31H	30H
25H	2FH	2EH	2DH	2CH	2BH	2AH	29H	28H
24H	27H	26H	25H	24H	23H	22H	21H	20H
23H	1FH	1EH	1DH	1CH	1BH	1AH	19H	18H
22H	17H	16H	15H	14H	13H	12H	11H	10H
21H	0FH	0EH	0DH	0CH	0BH	0AH	09H	08H
20H	07H	06H	05H	04H	03H	02H	01H	00H

其中：MSB——最高位有效位，LSB—— 最低位有效位。

③ 用户 RAM 区。

地址：这就是供用户使用的一般 RAM 区，其单元地址为 30H～7FH。

作用：存储以字节为单位的数据，如随机数据及运算的中间结果，而且在一般应用中常把堆栈开辟在此区中。

(2) 除了以上低128单元划分的3个区域，片内RAM还有高128单元，内部数据存储器的高128单元是为特殊功能寄存器(SFR)提供的，因此称之为特殊功能寄存器区，其单元地址为80H～FFH，用于存放相应功能部件的控制命令、状态或数据。8051内部有21特殊功能寄存器。现对其进行简单介绍，以后章节中也会陆续对其说明。

① 程序计数器(PC)(C51中编译器根据需要使用)。

PC是一个16位的计数器。其内容为将要执行的指令地址，寻址范围达64 KB。PC有自动加1功能，以实现程序的顺序执行。PC没有地址，是不可寻址的，因此用户无法对它进行读写，但在执行转移、调用、返回等指令时能自动改变其内容，以改变程序的执行顺序。

② 累加器A(或ACC)(C51中编译器根据需要使用)。

累加器为8位寄存器，是程序中最常用的专用寄存器，功能较多，地位重要。概括起来有以下几项功能：

☆ 累加器用于存放操作数以及运算的中间结果；

☆ 累加器是数据传送的中转站，单片机中的大部分数据传送都通过累加器进行；

☆ 在变址寻址方式中把累加器作为变址寄存器使用。

③ B寄存器(C51中编译器根据需要使用)。

B寄存器是一个8位寄存器，主要用于乘除运算。乘法时，B中存放乘数，乘法操作后，乘积的高8位存于B中；除法时，B中存放除数，除法操作后，B中存放余数。此外，B寄存器也可作为一般数据寄存器使用。

④ 程序状态字寄存器(PSW)(C51中编译器根据需要使用)。

程序状态字寄存器是一个8位寄存器，用于寄存指令执行的状态信息。其中有些位状态是根据指令执行结果，由硬件自动设置的，而有些位状态则是使用软件方法设定的。一些条件转移指令将根据PSW中有关位的状态，来进行程序转移。

PSW的各位定义如表3-3所示。

表3-3　PSW的各位定义

位序	D7	D6	D5	D4	D3	D2	D1	D0
位标志	CY	AC	F0	RS1	RS0	OV	/	P

除PSW.1位保留未用外，对其余各位的定义及使用介绍如下：

CY或C——进位标志位

其功能有两个：一是存放算术运算的进位标志，即在加减运算中，当有第8位向高位进位或借位时，CY由硬件置位，否则CY位被清“0”；二是用于位操作。

AC——辅助进位标志位

在加减运算中，当有低4位向高4位进位或借位时，AC由硬件置位，否则AC位被清“0”。CPU根据AC标志对BCD码的算术运算结果进行调整。

F0——用户标志位

这是一个由用户定义使用的标志位，用户根据需要用软件方法置位或复位(C51 中可以根据需要编程使用)。

RS1 和 RS0——寄存器组选择位

用于设定当前通用寄存器的组号。其对应关系如表 3-4 所示。

表 3-4　通用寄存器的组号设定

RS1 RS0	寄存器组	R0～R7 地址
00	组 0	00～07H
01	组 1	08～0FH
10	组 2	10～17H
11	组 3	18～1FH

这两个选择位的状态是由软件设置的，被选中的寄存器即为当前通用寄存器组。

OV——溢出标志

在带符号数的加减法运算中，OV=1 表示加减运算结果超出了累加器 A 所能表示的符号数有效范围(−128～+127)，即产生了溢出，因此运算结果是错误的；反之，OV=0，表示运算正确，即无溢出产生。

在无符号乘法运算中，OV=1 表示乘积超过 255，即乘积分别在 B 与 A 中；反之，OV=0，表示乘积只在 A 中。

在无符号除法运算中，OV=1 表示除数为 0，除法不能进行；反之，OV=0，除数不为 0，除法可以正常进行。

P——奇偶标志

表明累加器 A 中 1 的个数的奇偶性，要每个指令周期由硬件根据 A 的内容对 P 位进行置位或复位。若 1 的个数为偶数，P=0；若 1 的个数为奇数，P=1。

⑤ 数据指针(DPTR)(C51 中编译器根据需要使用)。

数据指针为 16 位寄存器，它是 MCS-51 中唯一一个供用户使用的 16 位寄存器。DPTR 的使用比较灵活，它既可以按 16 位寄存器使用，也可以作为两个 8 位的寄存器使用，即：

DPH——DPTR 高位字节

DPL——DPTR 低位字节

DPTR 在访问外部数据寄存器时作地址指针使用，由于外部数据存储器的寻址范围为 64 KB，故把 DPTR 设计为 16 位。此外，在变址方式中，用 DPTR 作基址寄存器，用于对程序存储器的访问。

⑥ 专用寄存器的字节寻址。

如上所述，MCS-51 的专用寄存器中，有 21 个是可寻址的。这些可寻址寄存器的名称、符号及地址列于表 3-5 中。

表 3－5　MCS－51 专用寄存器一览表

寄存器	寄存器地址	寄存器名称
* ACC	0E0H	累加器
* B	0F0H	B 寄存器
* PSW	0D0H	程序状态字
SP	81H	堆栈指示器
DPL	82H	数据指针低 8 位
DPH	83H	数据指针高 8 位
* IE	0A8H	中断允许控制寄存器
* IP	0D8H	中断优先控制寄存器
* P0	80H	I/O 口 0
* P1	90H	I/O 口 1
* P2	0A0H	I/O 口 2
* P3	0B0H	I/O 口 3
PCON	87H	电源控制及波特率选择寄存器
* SCON	98H	串行口控制寄存器
SBUF	99H	串行数据缓冲寄存器
* TCON	88H	定时器控制寄存器
TMOD	89H	定时器方式选择寄存器
TL0	8AH	定时器 0 低 8 位
TL1	8BH	定时器 1 低 8 位
TH0	8CH	定时器 0 高 8 位
TH1	8DH	定时器 1 高 8 位

对专用寄存器的字节寻址问题注意事项：

☆ 21 个可寻址的专用寄存器是不连续地分散在内部 RAM 高 128 单元之中。尽管还剩余许多空闲单元，但用户并不能使用。如果访问了这些没有定义的单元，读出的为不定数，而写入的数被舍弃。

☆ 在专用寄存器中，唯一一个不可寻址的专用寄存器就是程序计数器(PC)。PC 在物理上是独立的，不占据 RAM 单元，因此是不可寻址的寄存器。

☆ 专用寄存器在指令中既可使用寄存器符号表示，也可使用寄存器地址表示。

⑦ 专用寄存器的位寻址。

在 21 个可寻址的专用寄存器中，有 11 个寄存器是可以位寻址的，即表 3－5 中在寄存器符号前打星号(＊)的寄存器。

专用寄存器的可寻址位加上位寻址区的128个通用位，构成了MCS－51位处理器的整个数据位存储器空间。

各专用寄存器的位地址/位名称列于表3－6中。

表3－6　专用寄存器位地址表

寄存器符号	MSB→			位地址/位名称				→ LSB
B	0F7H	0F6H	0F5H	0F4H	0F3H	0F2H	0F1H	0F0H
A	0E7H	0E6H	0E5H	0E4H	0E3H	0E2H	0E1H	0E0H
PSW	0D7H	0D6H	0D5H	0D4H	0D3H	0D2H	0D1H	0D0H
	CY	AC	F0	RS1	RS0	OV	/	P
IP	0BFH	0BEH	0BDH	0BCH	0BBH	0BAH	0B9H	0B8H
	/	/	/	PS	PT1	PX1	PT0	PX0
P3	0B7H	0B6H	0B5H	0B4H	0B3H	0B2H	0B1H	0B0H
	P3.7	P3.6	P3.5	P3.4	P3.3	P3.2	P3.2	P3.1
IE	0AFH	0AEH	0ADH	0ACH	0ABH	0AAH	0A9H	0A8H
	EA	/	/	ES	ET1	EX1	ET0	EX0
P2	0A7H	0A6H	0A5H	0A4H	0A3H	0A2H	0A1H	0A0H
	P2.7	P2.6	P2.5	P2.4	P2.3	P2.2	P2.1	P2.0
SCON	9FH	9EH	9DH	9CH	9BH	9AH	99H	98H
	SM0	SM1	SM2	REN	TB8	RB8	TI	RI
P1	97H	96H	95H	94H	93H	92H	91H	90H
	P1.7	P1.6	P1.5	P1.4	P1.3	P1.2	P1.1	P1.0
TCON	8FH	8EH	8DH	8CH	8BH	8AH	89H	88H
	TF1	TR1	TF0	TR0	IE1	IT1	IE0	IT0
P0	87H	86H	85H	84H	83H	82H	81H	80H
	P0.7	P0.6	P0.5	P0.4	P0.3	P0.2	P0.1	P0.0

(3) MCS－51的堆栈操作。

堆栈也是片内RAM的一个区域，是一种数据结构，所谓堆栈就是只允许在其一端进行数据插入和数据删除操作的线性表。数据写入堆栈称为插入运算(PUSH)，也叫入栈。数据从堆栈中读出称之为删除运算(POP)，也叫出栈。堆栈的最大特点就是“后进先出”的数据操作规则，常把后进先出的写为LIFO(Last－In First－Out)。

① 堆栈的功用。

堆栈主要为子程序调用和中断操作而设立的。其具体功能有两个：保护断点和保护现场。

② 堆栈的开辟。

鉴于单片机的单片特点，堆栈只能开辟在芯片的内部数据存储器中，即所谓的内堆栈形式。MCS-51 当然也不例外。内堆栈的主要优点是操作速度快，但堆栈容量有限。

③ 堆栈指示器。

不论是数据进栈还是数据出栈，都是对堆栈的栈顶单元进行的，即对栈顶单元的写和读操作。为了指示栈顶地址，所以要设置堆栈指示器 SP(Stack Pointer)，SP 的内容就是一个 8 位寄存器，实际上 SP 就是专用寄存器的一员(C51 中编译器根据需要使用)。

系统复位后，SP 的内容为 07H，但由于堆栈最好在内部 RAM 的 30H～7FH 单元中开辟，所以在程序设计时应注意把 SP 值初始化为 30H 以后，以免占用宝贵的寄存器区和位寻址区。

④ 堆栈类型。

堆栈可有两种类型：向上生长型和向下生长型。向上生长型堆栈，栈底在低地址单元，随着数据进栈，地址递增，SP 的内容越来越大，指针上移；反之，随着数据的出栈，地址递减，SP 的内容越来越小，指针下移。MCS-51 属向上生长型堆栈，这种堆栈的操作规则如下：进栈操作时，先 SP 加 1，后写入数据，出栈操作时，先读出数据，后 SP 减 1。

⑤ 堆栈使用方式。

堆栈的使用有两种方式。一种是自动方式，即在调用子程序或中断时，返回地址(断点)自动进栈，程序返回时，断点再自动弹回 PC。这种堆栈操作无需用户干预，因此称为自动方式；另一种是指令方式，即使用专用的堆栈操作指令，进行进出栈操作，(C51 中编译器根据需要自动生成相应入栈和出栈指令)。

2. 并行 I/O

单片机芯片内还有一项重要内容就是并行 I/O 口电路。MCS-51 共有 4 个 8 位的并行双向 I/O 口，分别记作 P0、P1、P2、P3，实际上它们已被归入专用寄存器之列。这 4 个口除了按字节寻址之外，还可以按位寻址，4 个口合在一起共有 32 位。MCS-51 的 4 个口在电路结构上是基本相同的，但它们又各具特点，因此在功能和使用上各口之间有一定的差异。

1) P0 口

P0 口有两个用途，第一是作为普通 I/O 口使用；第二作为地址/数据总线使用。当使用第二个用途时，在这个口上分时送出低 8 位地址和数据。这种地址与数据同用一个 I/O 口的方式,称为地址/数据总线。P0 口的字节地址为 80H，位地址为 80H～87H。当 P0 口作为普通 I/O 口使用时，如果 P0 口作为输出口(作控制线)使用时，由于输出电路是漏极开路电路，必须外接上拉电阻才能有高电平输出。当 P0 端口作为 I/O 口输入时，必须先向锁存器写“1”，使 P0 端口处于悬浮状态，变成高阻抗，以避免锁存器为“0”的状态时对引脚读入的干扰。这一点对 P1 端口、P2 端口、P3 端口同样适用。

2) P1 口

P1 口字节地址为 90H，位地址为 90H～97H。P1 口只能作为通用 I/O 口(控制线)使用。

P1 口的驱动部分与 P0 口不同，内部有上拉电阻。

3）P2 口

P2 口也有两种用途，一是作为普通 I/O 口，二是作为高 8 位地址线。P2 口的字节地址为 0A0H，位地址为 0A0H～0A7H。实际应用中，P2 口用于为系统提供高位地址。P2 口也是一个准双向口。

4）P3 口

P3 口的字节地址为 0B0H，位地址为 0B0H～0B7H。P3 口可以作为通用 I/O 口使用，实际应用中多用它的第二功能。在不使用它的第二功能时才能用于通用 I/O。

3.2　MCS－51 单片机 C 语言程序设计相关知识介绍

Keil 的 C51 完全支持 C 的标准指令和很多用来优化 8051 指令结构的 C 的扩展指令。本节重点讲解一些和 MCS－51 单片机硬件有关的内容以及与标准 C 有区别的内容。

3.2.1　C51 的数据类型

Keil C 有 ANSI C 的所有标准数据类型，除此之外，为了更好地利用 8051 的结构，还加入了一些特殊的数据类型，表 3－7 中显示了标准数据类型在 8051 中占据的字节数，其中，整型和长整型的符号位字节在最低的地址中。除了标准数据类型外，编译器还支持一种位数据类型，一个位变量存在于内部 RAM 的可位寻址区中，可以像操作其他变量那样对位变量进行操作。

表 3－7　C51 的数据类型

数据类型	长　度	值 域 范 围
bit	1 bit	0，1
sbit	1 bit	0，1
unsigned char	1 byte	0～255
signed char	1 byte	－128～127
sfr	1 byte	0～255
unsigned int	2 byte	0～65 536
signed int	2 byte	－32 768～32 767
sfr16	2 byte	0～65 536
*	1～3 byte	对象的地址
unsigned　long	4 byte	0～4 294 967 295
signed　long	4 byte	－2 147 483 648～2 147 483 647
float	4 byte	10^{-38}～10^{38}

在上表中，特殊功能寄存器用 sfr 来定义，而 sfr16 则用来定义 16 位的特殊功能寄存器，如 DPTR 通过名字或地址来引用特殊功能寄存器，地址必须高于 80H。可位寻址的特殊功能寄存器的位变量定义用关键字 sbit。对于大多数 8051 成员，Keil 提供了一个包含了所有特殊功能寄存器和位定义头文件，如 REG51. H（不同类型的 CPU 使用的头文件不同），通过包含头文件很容易进行新的扩展。

3.2.2　C51 存储器类别

Keil 允许使用者指定程序变量的存储区，因此使用者可以控制存储区的使用。编译器可通过识别以下存储区并根据程序中使用的存储器类型关键字来确认数据存储器，以及将 C 语言指令翻译成相应的汇编语言指令序列。具体存储器类型如表 3-8 所示。

表 3-8　存储器类型

存储器类型	说　　明
data	直接访问内部数据存储器(128 字节)，访问速度最快
bdata	可位寻址内部数据存储器(16 字节)，允许位与字节混合访问
idata	间接访问内部数据存储器(256 字节)，允许访问全部 256B 地址
pdata	分页访问外部数据存储器(256 字节)，用 MOVX @Ri 指令访问
xdata	外部数据存储器(64 KB)，用 MOVX @DPTR 指令访问
code	程序存储器(64 KB)，用 MOVC @A+DPTR 指令访问

下面分别讲解各个数据存储区的使用方法和变量定义。

1. data 区

对 data 区的寻址是最快的，所以应该把使用频率高的变量放在 data 区。由于 data 空间有限，必须注意节省使用。data 区除了包含变量外，还包含了堆栈和寄存器组。data 区的声明例程如下：

```
unsigned char data system_status=0;
unsigned int data unit_id[2];
char data inp_string[16];
float data outp_value;
mytype data new_var;
```

标准变量和用户自定义变量都可存储在 data 区中，但是不能超过 data 区的范围。因为 C51 使用默认的寄存器组来传递参数，至少需要 8 个字节。另外，要定义足够大的堆栈空间，当内部堆栈溢出时，程序会复位，究其原因是 8051 系列微处理器没有硬件报错机制，堆栈溢出只能以这种方式表示出来。

2. bdata 区

在 bdata 区的位寻址区定义变量，这个变量就可进行位寻址。bdata 区中声明变量和使用位变量的例程如下：

```
unsigned char bdata status_byte;//在位寻址区定义字节变量
unsigned int bdata status_word; //在位寻址区定义字变量
unsigned long bdata status_dword; //在位寻址区定义双字变量
sbit stat_flag=status_byte^4;//定义为变量
if(status_word^15){
…
```

```
}
stat_flag=1;
```

编译器不允许在 bdata 区中定义 float 和 double 类型的变量。

3. idata 区

idata 区也可存放使用比较频繁的变量，使用寄存器作为指针进行寻址。在寄存器中设置 8 位地址，进行间接寻址。与外部存储器寻址比较，指令执行周期和代码长度都比较短。如：

```
unsigned char idata system_status=0;
unsigned int idata unit_id[2];
char idata inp_string[16];
float idata outp_value;
```

4. pdata 和 xdata 区

在这两个段声明变量和在其他段的语法是一样的。pdata 区只有 256 个字节，一般是在外部只扩展了 256 以下字节的存储器时使用，指令中只给出 8 位地址信号，使用 R0 或 R1 进行间接寻址访问，而 xdata 区可达 65 536 个字节，由 DPTR 给出 16 位地址进行间接访问。举例如下：

```
unsigned char xdata system_status=0;
unsigned int pdata unit_id[2];
char xdata inp_string[16];
float pdata outp_value;
```

对 pdata 和 xdata 的操作是相似的，对 pdata 段寻址只需要装入 8 位地址，而对 xdata 段寻址需装入 16 位地址。

5. code 区

代码段的数据是不可改变的，8051 的代码段不可重写，即只能存放常量。一般代码段中可存放数据表、跳转向量和状态表。下面是代码段的声明例子：

```
unsigned int code id[2]={1234,34};
unsigned char  code str[16]={0x00, 0x01, 0x02, 0x03, 0x04, 0x05, 0x06, 0x07,0x08, 0x09,
0x10, 0x11, 0x12, 0x13, 0x14, 0x15};
```

3.2.3　指针

C51 提供一个 3 字节的通用存储器指针，即在定义指针的时候在“*”前不加存储器类型码，通用指针的头一个字节表明指针所指的存储区空间，另外两个字节存储 16 位偏移量。Keil 允许使用者规定指针指向的存储段这种指针叫具体指针，即在定义指针的时候在“*”前加存储器类型码，具体指针所占字节数如表 3-9 所示，使用具体指针的优点是节省存储空间，编译器不用为存储器选择和决定正确存储器操作指令产生代码，这样就使代码更加简短，但必须保证指针不指向所声明存储区以外的地方，否则会产生错误。

举例如下：

```
char * generic_ptr;通用指针
char data * xd_ptr;具体指针
```

表 3-9 指针存储

指针类型	占用字节数
通用指针	3
xdata 指针	2
code 指针	2
idata 指针	1
data 指针	1
pdata 指针	1

3.2.4 中断服务

8051 的中断系统十分重要，C51 能够用 C 语言(也可以用汇编语言)来声明中断和编写中断服务程序。中断服务函数主要通过使用 interrupt 关键字和中断号(0 到 4)来声明。中断号是用来指导编译器跳转到本函数的中断入口指令存储的入口地址处。中断号与 IE 寄存器中的使能位的顺序相对应，具体如表 3-10 所示。

表 3-10 C 中的中断号

IE 寄存器中的使能位序号和 C 中的中断号	中断源
0	外部中断 0
1	定时器 0 溢出
2	外部中断 1
3	定时器 1 溢出
4	串行口中断

一个中断服务函数不能传递参数，没有返回值。状态寄存器、累加器 A、寄存器 B、数据指针 DPTR 和工作寄存器组 R0～R7 只要在中断服务函数中被用到，编译器在编译的时候会自动生成相应的入栈和出栈指令进行现场保护。C51 支持所有 5 个 8051/8052 标准中断，中断号从 0 到 4。

中断服务程序一般定义结构如下：

```
void timer0(void) interrupt 1 {
    //具体服务代码
}
```

另外，中断服务函数在定义时可以指定使用的工作寄存器组。当指定中断函数的工作寄存器组时，保护工作寄存器的工作就自动被省略。方法是在定义中断服务函时使用关键字 using 后跟一个 0 到 3 的数(对应 4 组工作寄存器)。当指定工作寄存器组时，默认工作寄存器组(一般为寄存器组 0)就不会被推入堆栈，为中断服务函数指定工作寄存器组的缺点是所有被中断服务函数调用的过程都必须使用同一个寄存器组，否则参数传递会发生错误。下面的例子给出定时器1中断服务程序，并使用寄存器组1。

```
void timer0(void) interrupt 1 using 1{
    //具体服务代码
}
```

3.2.5　使用C51编程时的注意事项

Keil的C51编译器能从C程序源代码中产生高度优化的代码，编程者在使用C51编程时注意事项如下：

1. 采用短变量

一个提高代码效率的最基本方式就是减小变量的长度，使用C编程时，编程者一般习惯于对循环控制变量使用int类型，对于只有8位处理能力、内部RAM只有128字节的MCS-51单片机来说是一种极大的浪费。因此，编程者需要仔细考虑所声明变量值范围，然后选择合适的变量类型。一般情况下，经常使用的变量应为unsigned char类型，因为其只占用一个字节(8位数据宽度)。

2. 使用无符号类型

MCS-51不支持符号运算，编程序时要考虑变量是否会用于负数场合，如果程序中不需要负数，那么变量应都定义成无符号类型。

3. 避免使用浮点数和指针

在8位计算机上使用32位浮点数是得不偿失的，所以当在系统中使用浮点数时，可以通过提高数值数量级和使用整型运算来消除浮点运算。MCS-51处理char、int和long数据比处理double和float数据使用的机器指令要少得多，相应C51编译生成的代码要少得多，程序执行起来会更快。

如果编程者不得不在代码中加入浮点数和指针，那么除了代码长度会增加，程序执行速度也会变慢，此外当程序中使用浮点运算以及浮点指针进行数据处理时，还要禁止使用中断，当运算程序执行完后再开中断。

4. 使用位变量

对于某些标志位应使用位变量而不是unsigned char类型变量，这不仅节省内存，而且位变量在单片机的内部RAM访问时只需要一个处理周期。

5. 用局部变量代替全局变量

把变量定义成局部变量比全局变量更有效率，因为编译器为局部变量在内部存储区中分配了存储空间，而全局变量则是在外部存储区中分配存储空间。因此把变量定义成局部变量会降低访问速度。

6. 为变量分配内部存储区

局部变量和全局变量可被定义在需要的存储区中，当把经常使用的变量放在内部RAM中时，可使程序速度得到提高。除此之外，还缩短了代码长度，因为外部存储区寻址指令代码长度相对要长一些，考虑到存储速度，按data、idata、pdata、xdata的顺序使用存储器，当然要记得留出足够的堆栈空间。

7. 使用特定指针

当程序中使用指针时，应指定指针指向的存储器区域，如 xdata 或 code 区，这样代码会更加紧凑，因为编译器不必生成指令去确定指针所指向的存储区和使用通用指针。

8. 使用调令

对于一些简单的操作，如变量循环位移，编译器提供了一些调令供用户使用。许多调令直接对应着汇编指令。所有这些调令都是再入函数，可在任何地方安全调用。

例如，与单字节循环位移指令 RL A 和 RR A 相对应的调令是_crol_（循环左移）和_cror_（循环右移）。如果需要对 int 或 long 类型的变量进行循环位移，调令将复杂一些，而且执行的时间会长一些。

在 C 中也提供了像汇编中 JBC 那样的调令（_testbit_）。如果参数位置位，将返回 1，否则将返回 0。该调令在检查标志位时十分有用，不仅使 C 的代码更具有可读性，而且调令将直接转换成 JBC 指令。使用示例如下：

```
#include <instrins.h>
void serial_intr(void) interrupt 4 {
  if (! _testbit_(TI)) {            // 是否是发送中断
    P0=1;                           // 翻转 P0.0
    _nop_();                        // 等待一个指令周期
    P0=0;
    ...
  }
  if (! _testbit_(RI)) {
    test=_cror_(SBUF, 1);           // 将 SBUF 中的数据循环
                                    // 右移一位
    ...
  }
}
```

9. 使用宏替代函数

对于小段代码，使能某些电路或从锁存器中读取数据，可通过宏来替代函数，使得程序有更好的可读性。可把代码定义在宏中，这样看上去更像函数。编译器在碰到宏时，按照事先定义的代码去替代宏。宏的名字应能够描述宏的操作，当要改变宏时，只需修改宏定义。

```
#define led_on() {\
    led_state=LED_ON; \
    XBYTE[LED_CNTRL] = 0x01;}
#define led_off() {\
    led_state=LED_OFF; \
    XBYTE[LED_CNTRL] = 0x00;}
#define checkvalue(val) \
( (val < MINVAL || val > MAXVAL) ? 0: 1 )
```

宏能够使得访问多层结构和数组更加容易，可以用宏来替代程序中经常使用的复杂语句，以减少打字工作量，且有更好的可读性和可维护性。

3.3 MCS-51单片机的定时/计数器

在单片机应用中，定时与计数的需求较多，为了使用方便并增加单片机的功能，就把定时电路集成在芯片中，称之为定时/计数器。定时/计数器是MCS-51单片机的重要功能模块之一，在检测、控制及智能仪器等应用中，常用定时器作实时时钟，实现定时检测、定时控制，还可用定时器产生脉冲，驱动步进电机一类的电气机械。其主要特性如下。

(1) 8031/8051/8751单片机有两个可编程的定时/计数器——定时/计数器0和定时/计数器1，可由程序选择作为定时器或作为计数器使用，定时时间和计数值可由程序设定。每个定时/计数器都具有四种工作方式，可用程序选择。

(2) 8032/8052单片机有三个可编程的定时/计数器，在8031/8051/8751单片机的基础上增加了定时/计数器2。

MCS-51系列单片机的定时/计数器T0和T1的结构如图3-3所示。其中，定时/计数器T0由TH0和TL0构成，T1由TH1和TL1构成，TMOD用于确定各个定时/计数器的功能和工作模式，TCON用于控制T0和T1的启动和停止计数，也包含定时/计数器的状态。

定时/计数器T0和T1都是加法计数器，每输入一个脉冲，计数器就加1，当加到计数器为全1时，再输入一个脉冲，计数器就发生溢出。具体地说，在定时时，每个机器周期定时器加1；计数时，在外部事件相应输入脚(T0和T1)产生负跳变时，计数器加1。当定时/计数器的寄存器产生溢出时，由硬件置状态标志(TCON中的TF0和TF1)，表示定时时间到和计数值满，CPU可以查询该标志位，或者在定时中断允许的情况下，当该标志位置位时自动地向CPU提出中断请求。

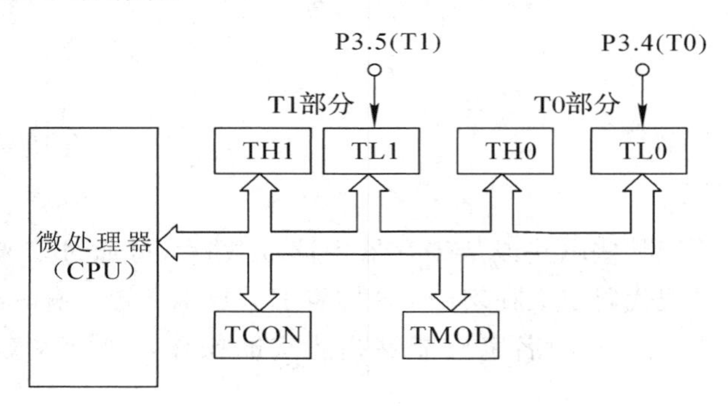

图3-3 定时/计数器的结构

3.3.1 定时/计数器的控制

1. 定时/计数器的工作原理

T0和T1都具有定时和计数两种功能，在TMOD(定时器模式控制寄存器)中，有一个控制位($C/\overline{T}$)，用于选择T0和T1是工作在定时器方式，还是计数器方式。其中，计数功能是对外部事件进行计数。计数脉冲来自相应的外部输入引脚T0(P3.4)或T1(P3.5)。当输入信号发生由 1 至 0 的负跳变时，计数器(TH0，TL0 或 TH1，TL1)的值增加 1；而定时功能则是通过计数实现的。计数脉冲来自内部时钟脉冲，每个机器周期计数值增加 1，每个机器周期等于 12 个振荡周期，因此计数频率为振荡频率的 1/12。计数值乘以机器周期就是定时时间。

2. 定时/计数器的控制寄存器

与定时/计数器应用有关的控制寄存器有 TMOD 和 TCON，用于控制和确定各个与定时/计数器的功能和工作模式。

1) 定时器控制寄存器(TCON，字节地址为 88H，位地址为 88H－8FH)

该寄存器用于控制 T0 和 T1 的启、停，并给出相应的状态，在该寄存器中，有关定时的控制位只有 4 位，具体格式如下：

(MSB)　　　　　　　　　　　　　　　　(LSB)

TF1	TR1	TF0	TR0	IE1	IT1	IE0	IT0

TF0，TF1：分别为 T0、T1 的溢出标志位。

当该位为“1”时，表示相应计数器溢出(计满)，相反，则表示未溢出。它们由硬件自动置 1，当使用查询方式时，此位作状态位查询，但应注意，当查询有效后，应以软件方式及时将该位清“0”；当使用中断方式时，此位做中断申请标志位，在转向中断服务，中断响应后，由硬件自动清 0。

TR0，TR1：分别为 T0、T1 的运行控制位。

这两个位靠软件置位或清零，当 GATE＝1 时，TR0 或 TR1 置 1 时且$\overline{\text{INT0}}$或$\overline{\text{INT1}}$为高电平时，才允许相应的定时/计数器工作；当 GATE＝0，只要 TR0 和 TR1 置 1，则相应定时/计数器就被选通。在 TR0 和 TR1 清零时，停止定时/计数器工作，此时与 GATE 无关。其余位将在中断的有关内容中进行介绍。

2) 工作方式控制寄存器(TMOD，单元地址为 89H，不能位寻址)

TMOD 寄存器是用一个寄存器来设定两个定时/计数器 T0 和 T1 的工作方式和 4 种工作模式。其中，低四位用于控制 T0，高四位用于控制 T1，但 TMOD 寄存器不能位寻址，只能用字节传送指令设置其内容。其各位定义如下：

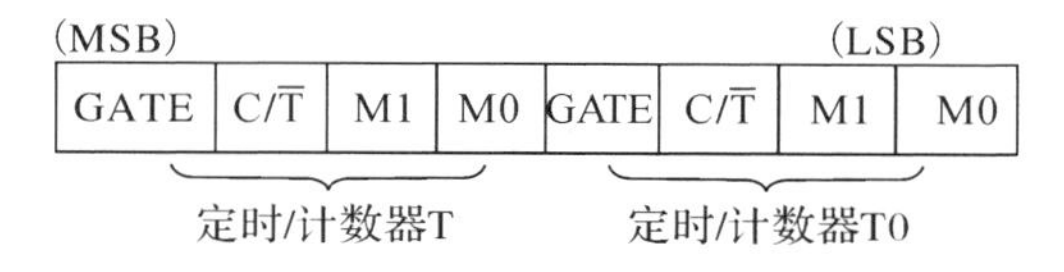

GATE：门控位。

当 GATE＝1 时，只有$\overline{\text{INT0}}$或$\overline{\text{INT1}}$为高电平且 TR0 或 TR1 置 1 时，相应的定时/计数器才被选通工作；当 GATE＝0，只要 TR0 和 TR1 置 1，定时/计数器就被选通，与$\overline{\text{INT0}}$或$\overline{\text{INT1}}$的引脚电平无关。

C/$\overline{T}$：定时方式或计数方式选择位。

C/$\overline{T}$＝0，设置为定时器方式，计数器的输入是内部时钟脉冲，其周期等于机器周期；

C/$\overline{T}$＝1，设置为计数器方式，计数器输入来自 T0(P3.4)或 T1(P3.5)端的外部脉冲。

M1、M0 位：工作方式选择位。对应 4 种工作模式，见表 3－11。

表 3-11 定时/计数器工作方式

M1	M0	功 能 描 述
0	0	方式 0：TLX 中低 5 位与 THX 中的 8 位构成 13 位计数器
0	1	方式 1：TLX 与 THX 构成 16 位计数器
1	0	方式 2：8 位自动重装载的定时/计数器，当计数器 TLX 溢出时，THX 中内容重新装载到 TLX
1	1	方式 3：对定时器 0，分成 2 个 8 位计数器，对于定时器 1，停止计数

3.3.2 定时/计数器的工作方式

MCS-51 的定时/计数器 T0 和 T1 共有 4 种工作方式，其中，前 3 种方式对于两者都是一样的，而方式 3 对两者不同。下面以定时/计数器 1 为例进行介绍。

1. 方式 0

当 M1＝M0＝0 时，定时/计数器 1(或定时/计数器 0)将被设置为方式 0，这是一种 13 位计数器结构的工作方式，等效框图如图 3-4 所示(该逻辑图也适合与定时/计数器 0，只要将相应的标识符后缀由 1 改为 0 即可)，其计数器由 TH1 全部 8 位和 TL1 的低 5 位构成。TL1 的低 5 位溢出则向 TH1 进位，TH1 溢出则置位 TCON 中的溢出标志位 TF1，并使计数器回零。

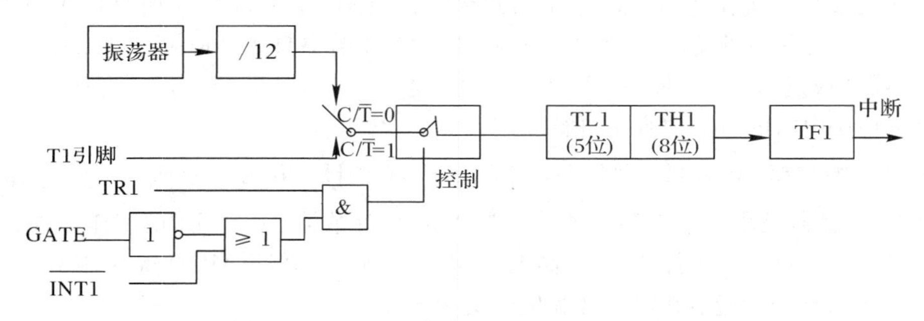

图 3-4 定时/计数器 T1 方式 0 逻辑结构图

图 3-4 中，C/$\overline{T}$ 位控制的电子开关决定了定时/计数器的工作方式：C/$\overline{T}$＝0，电子开关打在上面位置，T1 为定时器工作模式，以振荡器的 12 分频后的信号作为计数信号。C/$\overline{T}$＝1，电子开关打在下面位置，T1 为计数器工作方式，计数脉冲为 P3.5 (T1)或 P3.4 (T0)引脚上的外部输入脉冲，当引脚上发生负跳变时，计数器加 1。另外，GATE 位的状态决定了定时/计数器运行控制条件：当 GATE＝0，图中控制端的电位取决于 TR1 状态。TR1＝1，控制端为高电平，电子开关闭合，启动计数器工作；TR1＝0，控制端为低电平，电子开关关断，禁止计数器工作。当 GATE＝1，则控制端的电位由$\overline{INT1}$和 TR1 的状态决定，当 TR1＝1 且$\overline{INT1}$＝1 时，控制端为高电平，电子开关闭合，启动计数器工作。

2. 方式 1

当 M1 和 M0 分别为 0 和 1 时，定时/计数器 1(或定时/计数器 0)将被设置为方式 1，这是一种16位计数器结构的工作方式，等效框图如图3-5所示。方式1和方式0的差别仅仅在于计数器的位数不同，方式1为16位的计数器，由TH1作为高8位，TL1作为低8位构成。

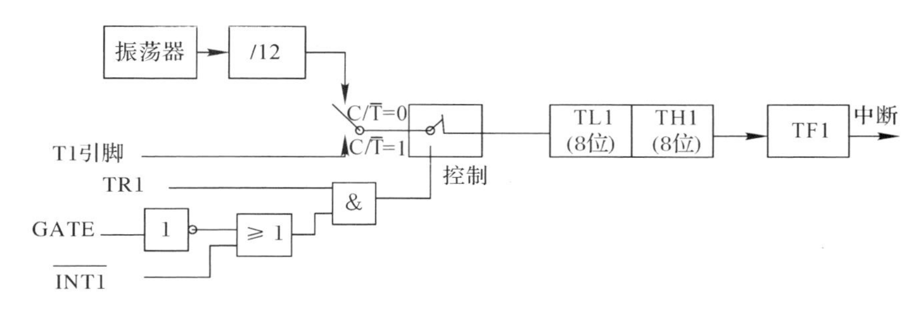

图3-5　定时/计数器T1方式1逻辑结构图

3. 方式2

当M1和M0分别为1和0时，定时/计数器1(或定时/计数器0)将被设置为方式2，其等效框图如图3-6所示。该方式为自动恢复初值(常数自动装入)的8位定时/计数器，TH1作为常数缓冲器，其初值由软件设置，当TL1计数溢出时，在置标志TF1的同时，还自动将TH1的常数送至TL1，使TL1从初值开始重新计数，重装载后TH1的内容不变。

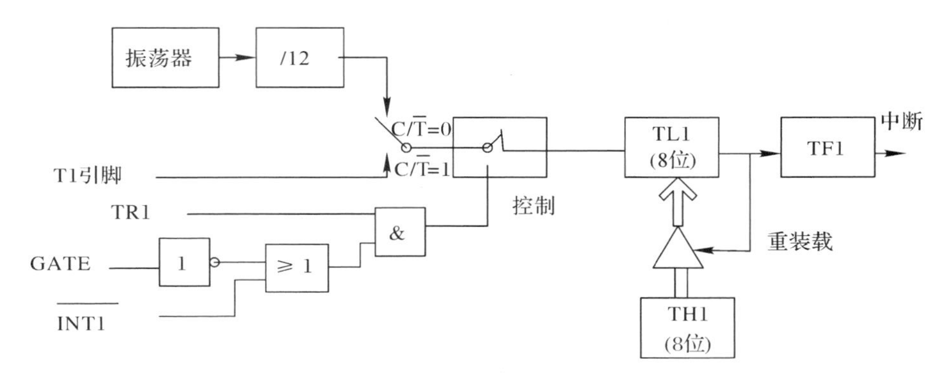

图3-6　定时/计数器T1方式2逻辑结构图

4. 方式3

当TMOD低2位的M1和M0均为1时，定时/计数器T0的工作方式被设置为方式3，其等效逻辑图如图3-7所示。方式3是为了增加一个附加的8位定时/计数器而提供的，使MCS-51具有3个定时/计数器。方式3只适用于定时/计数器T0，定时/计数器T1处于方式3时相当于TR1=0，停止计数(此时T1可以作为串行口波特率发生器)。在该方式中，定时/计数器T0被分为两个独立的8位计数器TL0、TH0，TL0使用T0的状态控制位(C/$\overline{\text{T}}$、GATE、TR0、$\overline{\text{INT0}}$、TF0)，既可作为定时器，又可作为外部事件计数器使用。而TH0被固定为一个8位的定时器(不能为外部事件的计数器方式)，并使用T1的运行标志位TR1，占用定时器T1的中断源TF1。

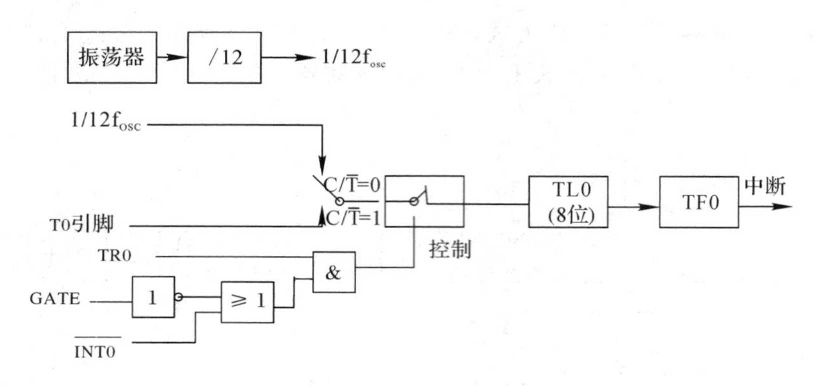

（a）TL0 作 8 位定时/计数器

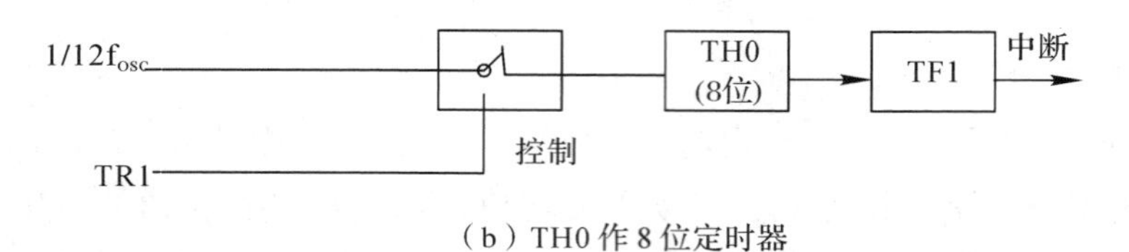

（b）TH0 作 8 位定时器

图 3－7　定时/计数器 T0 的方式 3 逻辑结构图

3.3.3　定时计数器的应用

在进行定时或计数应用之前，要用程序对其进行初始化，各个方式的初始化过程一般包括以下几个内容：

（1）通过对 TMOD 赋值来确定定时器的工作方式。

（2）通过将初值写入 TH0、TL0 或 TH1、TL1 寄存器来设置定时/计数器初值，而初值 X 的计算方法一般如下：

计数方式：X＝M－计数值

定时方式：由(M－X)T＝定时值，得 X＝M－定时值/T

其中，T 为计数周期(即单片机的机器周期)；M 为计数器的最大值，取值为 2^{13}(方式 0)，2^{16}(方式 1)或 2^{8}(方式 2 和 3)。

（3）通过对 IE 置初值来开放定时器中断(由不同需要来决定)。

（4）通过对 TCON 寄存器中的 TR0 或 TR1 置位来启动定时/计数器。

对于定时器的具体应用示例，基于篇幅，这里不再叙述。

3.4　MCS－51 单片机串行接口及串行通信

串行通信是指数据的各位按顺序一位一位传送。相对并行通信来说，其优点是只需一对传输线(如电话线)，占用硬件资源少，传输成本低，适用于远距离通信，但传送速度较慢。

3.4.1　单片机串行接口的结构

MCS－51 系列单片机串行口由发送数据缓冲器、接收数据缓冲器、发送控制器、输出控制门、接收控制器和输入移位寄存器等组成。其中，发送数据缓冲器只能写入，不能读出；接收数据缓冲器只能读出，不能写入。发送缓冲器和接收缓冲器用同一符号(SBUF)，占同一个地址(99H)，通过使用不同的读、写指令加以区分，决定是对哪个缓冲器进行操作。

3.4.2　串行接口的控制

MCS-51 单片机串行接口的工作主要受串行口控制寄存器 SCON 和电源控制寄存器 PCON 的控制。具体如下。

1. 串行口控制寄存器 SCON(字节地址 98H，可位寻址)

该寄存器用以设定串行口的工作模式、接收/发送控制及设置状态标志。其格式如图 3-8 所示。

D7	D6	D5	D4	D3	D2	D1	D0
SM0	SM1	SM2	REN	TB8	RB8	TI	RI

图 3-8　SCON 的位定义

1) 工作模式选择位 SM0、SM1

具体定义如表 3-12 所示。

表 3-12　工作模式选择位

SM0　SM1	工 作 模 式	功 能 说 明	波 特 率
0　0	模式 0	同步移位寄存器方式	$f_{osc}/12$
0　1	模式 1	10 位异步接收发送	可变(由定时器控制)
1　0	模式 2	11 位异步接收发送	$f_{osc}/32$ 或 $f_{osc}/64$
1　1	模式 3	11 位异步接收发送	可变(由定时器控制)

2) 多机通信控制位 SM2

主要用于模式 2 和模式 3。若 SM2=1，允许多机通信；

在模式 1 时，若 SM2=1，则只有接收到有效停止位时，RI 才置 1，以便接收下一帧数据；在模式 0 时，SM2 必须是 0。

3) 允许接收控制位 REN(由软件置 1 或清 0)

当 REN=1，允许接收数据；

当 REN=0，则禁止接收。

4) 发送数据的第 9 位 TB8(根据发送数据的需要由软件置位或复位)

在模式 2 和模式 3 中，TB8 是发送数据的第 9 位；

在模式 0 或模式 1 中，该位未用。

5) 接收数据的第 9 位 RB8

在模式 2 和模式 3 中，RB8 是接收数据的第 9 位；

在模式 1 中，若 SM2＝0(即不是多机通信情况)，则 RB8 是已接收到的停止位；

在模式 0 中，该位未用。

6) 发送中断标志 TI(一帧数据发送结束时由硬件置位，必须由软件清 0)

在模式 0 中，串行发送完 8 位数据位，或其他模式串行发送到停止位时由硬件置位。TI＝1 表示“发送缓冲器已空”，通知 CPU 可以发送下一帧数据。TI 位可作为查询，也可作为中断申请标志位。

7) 接收中断标志 RI(接收到一帧有效数据后由硬件置位，必须由软件清 0)

在模式 0 中，接收完 8 位数据位，或其他模式中接收到停止位时由硬件置位。RI＝1 表示一帧数据接收完毕，并已装入接收缓冲器中，通知 CPU 可取走该数据。该位可作为查询，也可作为中断申请标志位。

2. 电源控制寄存器 PCON(字节地址为 87H，不可位寻址)

该寄存器主要用于实现电源控制、数据传输率的控制。其格式如图 3-9 所示。

D7	D6	D5	D4	D3	D2	D1	D0
SMOD	—	—	—	GF1	GF0	PD	IDL

图 3-9　PCON 的位定义

在 MCS-51 系列单片机中，只有最高位波特率倍增位 SMOD 与串口有关。在模式 1、2、3 中，若 SMOD＝1，波特率提高 1 倍，SMOD＝0，则波特率不增倍。

3.4.3　单片机串行接口的工作方式

MCS-51 系列单片机的串行口工作模式由串行口控制寄存器 SCON 中的 SM0、SM1 两位控制，共有四种工作模式。

1. 同步移位寄存器输入/输出方式模式 0

模式 0 以 8 位为一帧数据，没有起始位和停止位，低位在前，高位在后，其帧格式如图 3-10 所示。

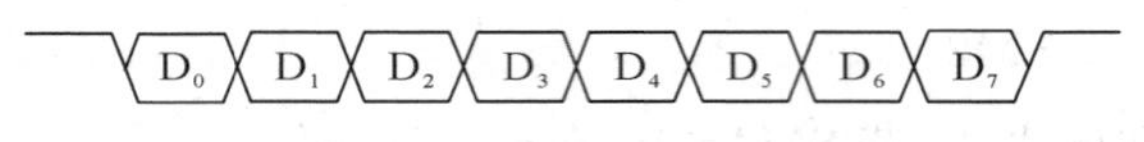

图 3-10　模式 0 帧格式

8 位串行数据的输入或输出都是通过 RXD 端，而 TXD 端用于送出同步移位脉冲，作为外接器件的同步移位信号。波特率固定为 $f_{osc}/12$。

模式 0 一般用于和外接的移位寄存器结合进行并行 I/O 口的扩展。不占用片外 RAM 地址，但操作速度较慢。下面我们结合时序来说明模式 0 的发送(图 3-11)与接收(图 3-12)的工作过程。

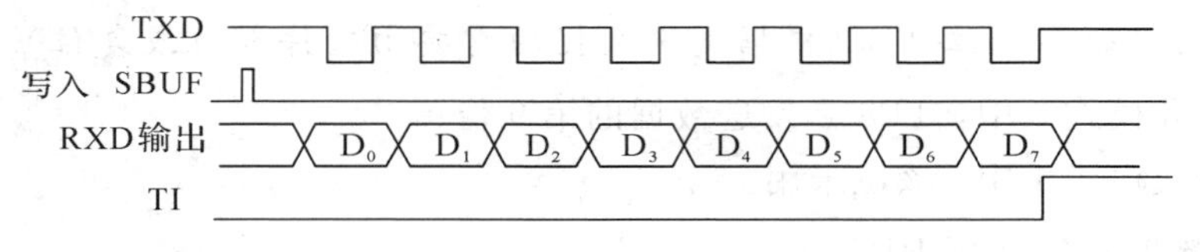

图 3-11　模式 0 的发送时序

1）模式 0 的发送

发送条件：当 TI=0，一条写发送缓冲器的指令(如 MOV　SBUF，A)，即可启动模式 0 的发送。

主要发送过程：8 位数据从 RXD 端送出(低位在前)；TXD 端发出同步移位脉冲；发送完毕后，硬件置位 TI=1，并作为查询和中断请求信号。

注意 当要发送下一组数据时，需用软件使 TI 清 0。

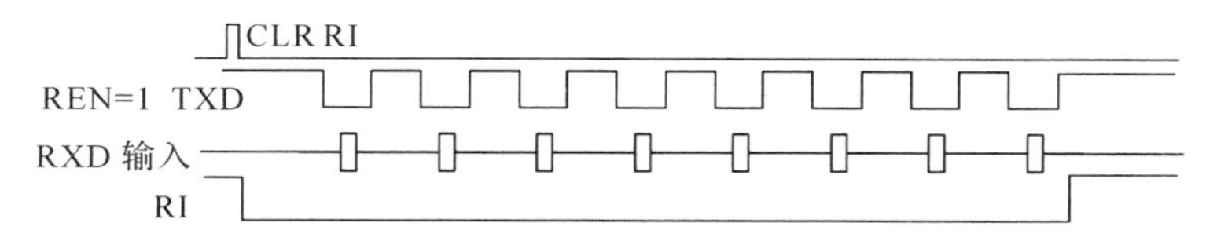

图 3-12　模式 0 的接收时序

2）模式 0 的接收

接收条件：RI=0 和 REN=1。

主要接收过程：数据由 RXD 端输入(低位在前)；接收 TXD 端仍发出同步移位脉冲；接收到 8 位数据以后，由硬件使 RI=1，并作为查询或中断请求信号。

注意 当 CPU 读取数据后，需用软件使 RI 清 0，以准备接收下一组数据。

2. 串行异步通信方式模式 1

波特率可变，且由定时器 T1 的溢出率及 SMOD 位决定。TXD 为数据发送端，RXD 为数据接收端。一帧数据 10 位组成，如图 3-13 所示。

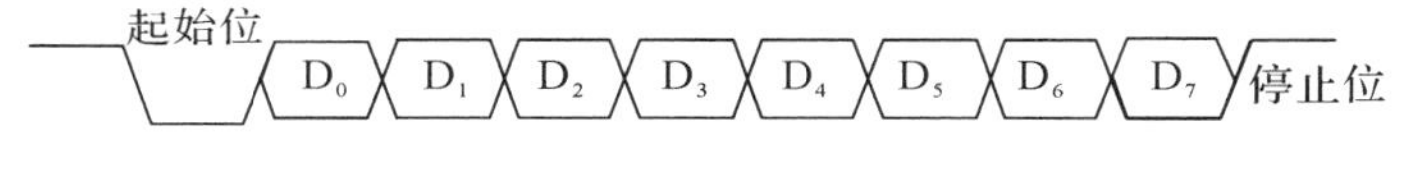

图 3-13　模式 1 帧格式

下面我们结合时序来说明模式 1 的发送(图 3-14)与接收(图 3-15)的工作过程。

1）模式 1 的发送

发送条件：TI=0 时由一条写发送缓冲器 SBUF 的指令(如，MOV SBUF，A)开始。

主要发送过程：串行口自动地插入一位逻辑 0 的起始位；接着是 8 位数据(低位在前)，然后又插入一位逻辑 1 的停止位，在发送移位脉冲作用下，依次由 TXD 端发出，一帧信息发完后，自动维持 TXD 端信号为 1；8 位数据发完之后，插入停止位时，由硬件使 TI 置 1，用以通知 CPU 可以发送下一帧数据。

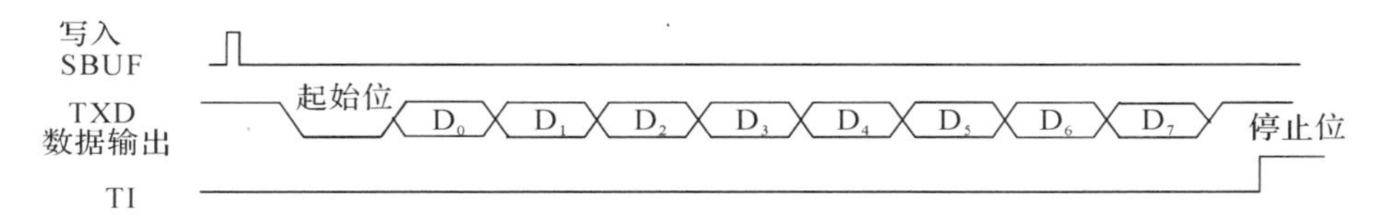

图 3-14　模式 1 的发送时序

2）模式 1 的接收

接收条件：接收时，应先用软件清 RI 或 SM2 标志，且 REN 置 1，采样 RXD 从 1 至 0

的跳变的(无信号时，其状态为1)起始位“0”时，开始接收一帧数据。

主要接收过程：在接收移位脉冲的控制下，把收到的数据(9位数据，包括一位停止位)一位一位地送入输入移位寄存器；当RI=0且停止位为1或者SM2=0时，8位数据送入接收缓冲器SBUF，停止位进入RB8；硬件使RI置1。

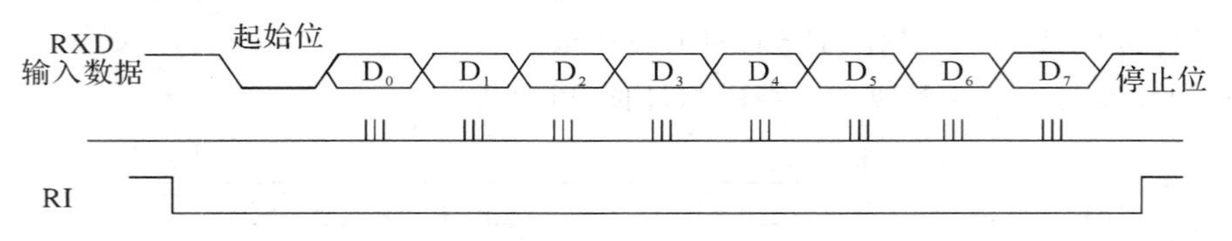

图3-15 模式1的接收时序

3. 串行异步通信方式模式2

模式2的波特率是固定的：一种是$f_{osc}/32$；另一种是$f_{osc}/64$。且TXD为数据发送端，RXD为数据接收端。一帧数据由11位组成，包括1位起始位、8位数据位、1位可编程位、1位停止位，其帧格式如图3-16所示。

图3-16 模式2帧格式

下面我们结合时序来说明模式2的发送(图3-17)与接收(图3-18)工作过程。

1）模式2的发送

发送条件：把要发送的第9位数值(用户根据通信协议用软件来设置TB8做奇偶校验位或地址/数据标志位)装入SCON寄存器中的TB8位。TI=0，执行一条写发送缓冲器的指令(MOV SBUF，A)，启动发送。

主要发送过程：串行口自动把TB8取出，并装入到第9位数据的位置，逐一发送出去。发送完毕，由硬件使TI置1。

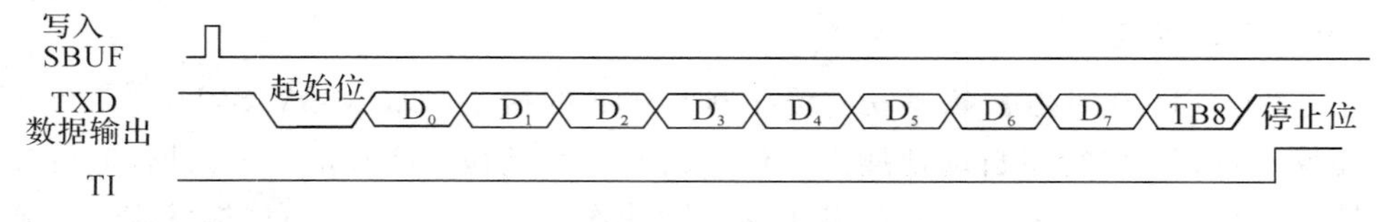

图3-17 模式2的发送时序

2）模式2的接收

接收条件：RI=0；SM2=0或收到的第9位数据为1。

主要接收过程：接收的前8位数据进入SBUF，以准备让CPU读取，接收的第9位数据进入RB8，同时置位RI。

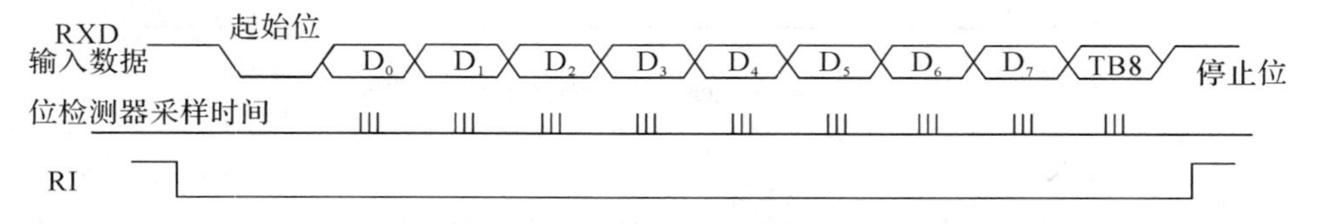

图3-18 模式2的接收时序

4. 串行异步通信方式模式 3

模式 3 的接收、发送过程与模式 2 完全相同，区别是模式 3 的波特率由定时器 T1 的溢出率及 SMOD 决定，具体计算公式如下：

$$\text{模式 3 的波特率} = \frac{2^{SMOD}}{32} \times \text{T1 的溢出率}$$

3.4.4　单片机串行传输波特率

在单片机串行接口应用中主要涉及其波特率设计的问题。MCS－51 单片机通过编程，可设置其串口工作在 4 种工作模式下，对应着 3 种波特率。具体如下。

1. 模式 0 的波特率

模式 0 的波特率固定为 $f_{osc}/12$（振荡频率的 1/12），即

$$\text{模式 0 的波特率} = \frac{f_{osc}}{12}$$

2. 模式 2 的波特率

模式 2 的波特率由系统的振荡频率 f_{osc} 和 PCON 中的最高位 SMOD 共同确定，即：

$$\text{模式 2 的波特率} = \frac{2^{SMOD}}{64} \times f_{osc}$$

3. 模式 1 和模式 3 的波特率

模式 1 和模式 3 的移位时钟由定时器 T1 的溢出率决定，即：

$$\text{模式 1 和模式 3 的波特率} = \frac{2^{SMOD}}{32} \times \text{T1 的溢出率}$$

当 T1 做波特率发生器使用时（典型的用法是使 T1 工作在模式 2，定时方式），则每经过“256－X”个机器周期（X 为初值），定时器 T1 会产生一次溢出，其溢出周期为：

$$\frac{12}{f_{osc}}(256-X)$$

则

$$\text{波特率} = \frac{2^{SMOD}}{32} \times \frac{f_{osc}}{12(256-X)}$$

因此

$$X = 256 - \frac{f_{osc}(SMOD+1)}{384 \times \text{波特率}}$$

对于串口的具体应用示例，基于篇幅，这里不再赘述。

3.5　MCS－51 单片机的中断系统

为了处理一些异常情况以及满足实时控制、多道程序和多处理机的需要提出中断的概念。中断的实现是由中断系统的软件和硬件共同实现的。

3.5.1　中断的概念

中断过程如图 3－19 所示，CPU 在执行程序的过程中，当出现异常情况或特殊请求时，CPU 必须尽快暂停当前的程序执行，而去执行相应的处理事件程序，待处理结束后，再回来继续执行被终止的程序，这个过程叫中断。其中，产生中断的请求源称为中断源，原来正在运行的程序为主程序，主程序被断开的位置称为断点。

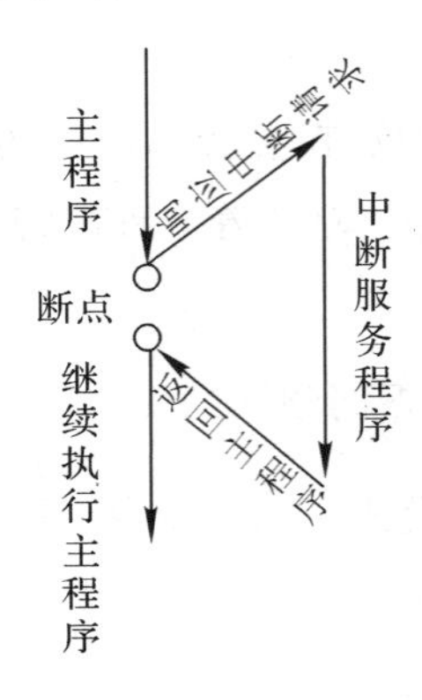

图 3－19　中断过程示意图

3.5.2　中断响应过程

中断的基本过程为：中断请求→中断判优→中断响应→中断服务→中断返回。

下面重点介绍几个过程。

1．中断判优

系统为各个中断源规定了优先级别，称为优先权。当两个或者两个以上的中断源同时提出中断请求时，计算机首先为优先权高的中断服务，再响应级别较低的中断源。计算机按中断源级别高低逐次响应的过程为优先级排队。这个过程可以通过硬件电路来实现，也可以通过程序查询来实现。

2．中断响应

中断响应条件：

(1) 有中断源发出中断申请。

(2) 中断总允许位 EA＝1，即 CPU 允许所有中断源申请中断。

(3) 申请中断的中断源的中断允许位为 1，即此中断源可以向 CPU 申请中断。

(4) 无同级或高级的中断正在服务；当前机器周期不是正在执行的指令的最后一个周期；正在执行的不是返回指令或对专门寄存器 IE、IP 进行读写的指令。

在满足上述条件时，就进行中断响应。即由硬件自动生成一条长调用指令 LCALL addr16。这里的 addr16 就是程序存储区中相应的中断源的中断入口地址。接着就由 CPU 执行指令，首先是将程序计数器 PC 的内容压入堆栈以保护断点，再将中断入口地址装入 PC，使程序转向相应的中断入口地址。各个中断服务程序的入口地址是固定的，如表 3－13 所示。

表 3-13　中断服务程序的入口地址

中　断　源	入口地址
外部中断 0	0003H
定时/计数器 T0 中断	000BH
外部中断 1	0013H
定时/计数器 T1 中断	001BH
串行口中断	0023H

两个中断入口之间只相隔 8 个字节，一般情况下难以安排一个完整的中断服务程序。因此，通常总是在中断入口的地址处放置一条无条件转移指令，使程序执行转向在其他地址中存放的中断服务程序。

3. 中断服务

中断服务程序从入口地址开始执行，直至遇到指令“RETI”为止，称中断处理。编写中断服务程序需注意以下几点。

(1) 各入口地址间隔 8 个字节，一般的中断服务程序是不能容纳的，需在入口地址单元处存放一条无条件转移指令。

(2) 若要在执行当前中断程序时禁止更高优先级中断源中断，先用软件关闭 CPU 中断，或禁止更高中断源的中断，而在中断返回前再开中断。图 3-20 中的保护现场和恢复现场前关中断，就是为了防止此时有高一级的中断进入，避免现场被破坏。在保护现场和恢复现场之后的开中断是为了下一次的中断作准备，也为了允许更高级的中断进入。

(3) 在保护现场和恢复现场时，为了不使现场数据受到破坏或造成混乱，一般规定在保护现场和恢复现场时，CPU 不响应新的中断请求。所谓现场就是指中断时刻单片机中的某些寄存器和存储单元中的数据或状态，为了使中断服务程序的执行不破坏这些数据或状态，以免在中断返回后影响主程序的运行，因此要把它们送入堆栈中保存起来，这就是现场保护。现场保护一定要位于现场中断处理程序的前面。中断处理结束后，在返回主程序前，则需要把保存的现场内容从堆栈中弹出，以恢复那些寄存器和存储器单元中的原有内容，这就是现场恢复。现场恢复一定要位于中断处理程序的后面，至于要保护哪些内容，应该由用户根据中断处理程序的具体情况来决定。

除以上所述外，中断处理是中断源请求中断的具体目的。

4. 中断返回

中断服务程序的最后一条指令必须是返回指令 RETI，RETI 指令是中断服务程序结束的标志。CPU 执行完这条指令后，把响应中断时所置“1”的优先级状态触发器清“0”，然后从堆栈中弹出栈顶上的两个字节的断点地址送到程序计数器 PC，CPU 从断点处重新执行被中断的主程序。

综上所述，可以把中断处理的整个过程用图 3-20 所示的流程图来概括。

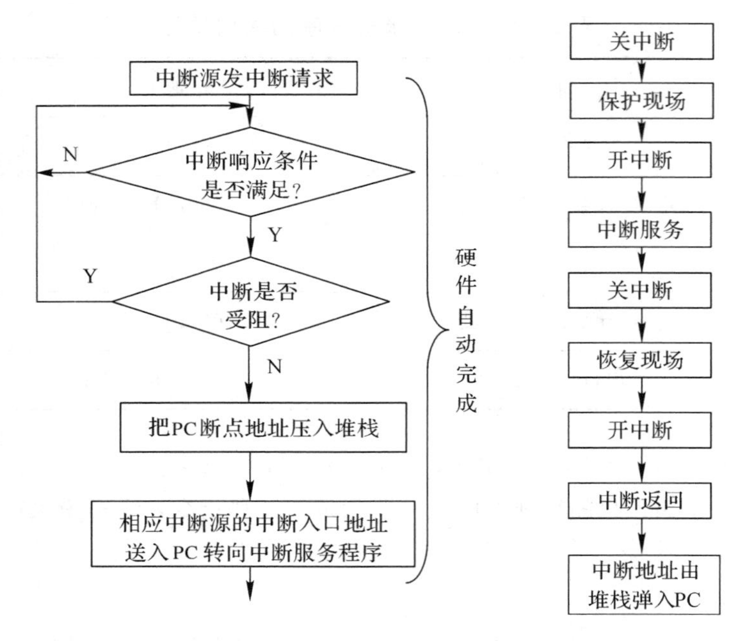

图 3-20 中断处理过程流程图

5. 中断请求的撤销

按中断类型分别说明中断请求的撤销方法。

(1) 定时/计数器中断请求的撤销。定时/计数器中断请求是自动撤销的，CPU 在响应中断后，用硬件清除中断请求标志 TF0 或 TF1。

(2) 外部中断请求的撤销。

边沿触发方式外部中断请求是自动撤销的。电平触发的外部中断的撤销是通过软硬件相结合的方法来实现的，系统中一般需要增加强制电路，如图 3-21 所示。

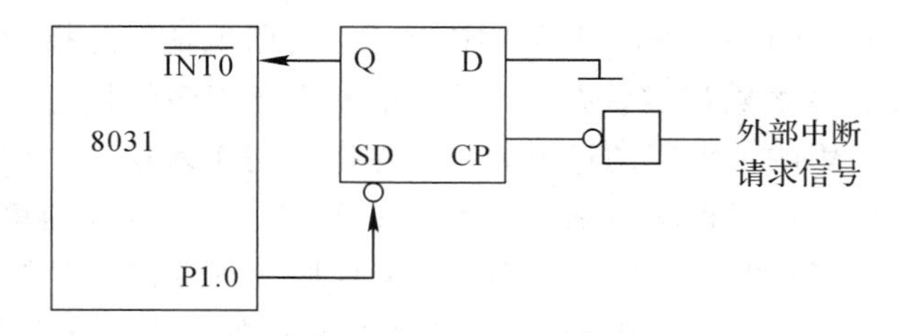

图 3-21 电平触发方式外部中断请求的撤销电路

(3) 串行口中断请求的撤销。串行口中断请求的撤销只能用软件的方法，在中断服务程序中进行，用指令来进行标志位 TI、RI 的清除。

3.5.3 MCS-51 中断系统的结构及中断源的扩充方法

1. 中断系统的结构

MCS-51 单片机有五个中断源，分别为$\overline{INT0}$(外部中断 0)、$\overline{INT1}$(外部中断 1)、T0(定时/计数器 T0)、T1(定时/计数器 T1)、RX 或 TX(串行口)中断请求，具有两个中断优先级，可实现两级中断服务程序的嵌套。用户可以用软件来屏蔽所有的中断请求，也可以用软件使得 CPU 接收中断请求，每一个中断源可以用软件独立地控制为开中断或关中断，每一个中断源的中断级别均可用软件设置。MCS－51 的中断系统结构示意图如图 3－22 所示。

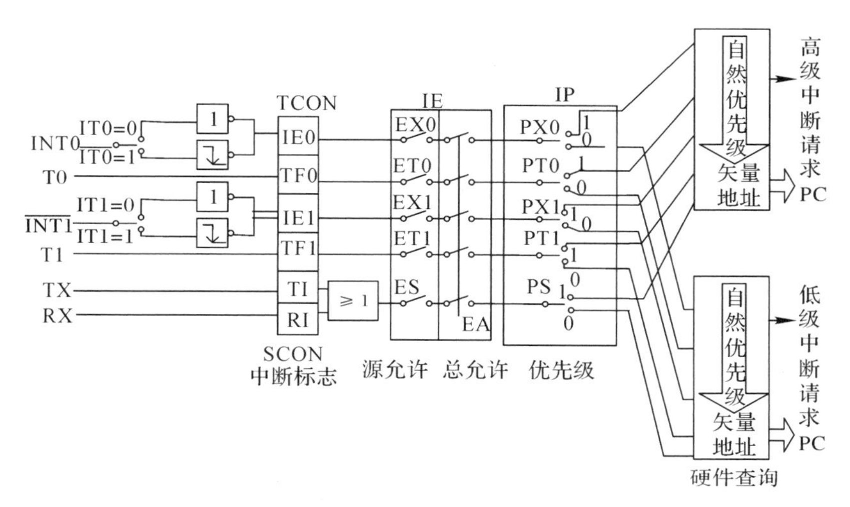

图 3－22　MCS－51 单片机的中断系统

2. 中断源及矢量地址

由图 3－22 可知：MCS－51 中断系统共有 5 个中断请求源，如下所示。

(1) $\overline{\text{INT0}}$：外部中断 0 请求，由 P3.2 引脚输入。由 IT0(TCON.0)决定是低电平有效还是负跳变有效。一旦有效，则向 CPU 申请中断，且建立 IE0 标志。

(2) $\overline{\text{INT1}}$：外部中断 1 请求，由 P3.3 引脚输入。由 IT1(TCON.2)决定是低电平有效还是负跳变有效。一旦有效，则向 CPU 申请中断，且建立 IE1 标志。

(3) T0：定时器 T0 溢出中断请求。当 T0 产生溢出时，定时器 T0 的中断请求标志 TF0 置位，请求中断处理。

(4) T1：定时器 T1 溢出中断请求。当 T1 产生溢出时，定时器 T1 的中断请求标志 TF1 置位，请求中断处理。

(5) RX 或 TX：串行中断请求。当接收或发送完一串行帧后，就置位内部串行口中断请求标志 RI 或 TI，请求中断。

3. 中断控制

用户通过设置控制位和查询状态位来使用中断系统。MCS－51 单片机提供了如下相关控制寄存器。

1) 定时控制寄存器(TCON，88H)

TCON 中与中断有关的位定义如下：

位地址	8F	8E	8D	8C	8B	8A	89	88
位符号	TF1	—	TF0	—	IE1	IT1	IE0	IT0

TF0、TF1 分别为 T0、T1 的溢出标志位，为“1”时，表示溢出，相反，则表示未溢出。溢出后，由硬件自动置 1，中断响应后，也是由硬件自动清 0。

IE0、IE1 分别为外部中断$\overline{INT0}$、$\overline{INT1}$的中断请求标志位。由硬件置位或清 0。当 CPU 采样到$\overline{INT0}$或$\overline{INT1}$端出现有效的中断请求时，此位由硬件置 1，表示外部事件请求中断，中断响应后，硬件自动清 0。

IT0、IT1 分别为外部中断$\overline{INT0}$、$\overline{INT1}$的中断请求信号的触发方式控制位。由用户设置。当该位为“1”时，选择边沿触发方式，负跳变有效；为“0”时，选择电平触发方式，低电平有效。

2）串行口控制寄存器(SCON，98H)

其中与中断有关的控制位如下：

位地址	9F	9E	9D	9C	9B	9A	99	98
位符号	SM0	SM1	SM2	REN	TB8	RB8	TI	RI

TI 为串行口发送中断请求标志位。当发送完一帧串行数据后，由硬件置 1，但在转向中断服务程序后，该位必须由软件清 0。

RI 为串行口接收中断请求标志位。当接收完一帧串行数据后，由硬件置 1，但在转向中断服务程序后，该位也必须由软件清 0。

3）中断允许控制寄存器(IE，A8H)

其中与中断有关的控制位如下：

位地址	AF	AE	AD	AC	AB	AA	A9	A8
位符号	EA	—	—	ES	ET1	EX1	ET0	EX0

EA 为 CPU 中断允许总控制位。EA=1，CPU 开中断(中断允许)，但每个中断源的中断请求是允许还是禁止，要由各自的允许位控制；EA=0，CPU 关中断(中断禁止)，即所有的中断请求都被屏蔽。复位时，禁止所有中断，即 EA=0。

ES、ET1、EX1、ET0、EX0 分别对应串行口、定时/计数器 T1、外部中断 1、定时/计数器 T0、外部中断 0 的中断允许控制位。为“1”时，相应中断允许；反之，相应中断禁止。

4）中断优先控制寄存器(IP，B8H)

其中与中断有关的控制位如下：

位地址	BF	BE	BD	BC	BB	BA	B9	B8
位符号	—	—	—	PS	PT1	PX1	PT0	PX0

PS、PT1、PX1、PT0、PX0 分别对应串行口、定时/计数器 T1、外部中断 1、定时/计数器 T0、外部中断 0 的优先级设定位，为“1”表示该中断源为高优先级，为“0”表示该中断源为低优先级。

每一中断源可编程为高优先级或低优先级中断，以实现二级嵌套，默认的优先次序为：外部中断 0、定时/计数器中断 T0、外部中断 1、定时/计数器中断 T1、串行口中断(依次从高到低）。

中断优先级控制寄存器 IP 的各个控制位，都可以通过编程来置位或清 0，单片机复位后，IP 中的各个位均为 0。中断优先级的控制原则如下。

（1）低优先级中断请求不能打断高优先级的中断服务，但高优先级中断请求可打断低优先级的中断服务，从而实现中断嵌套。

（2）一个中断一旦得到响应，与它同级的中断请求不能中断它。

（3）如果同级的多个中断请求同时出现，则按 CPU 查询次序确定哪个中断请求先被响应。查询次序为：外部中断 0→定时/计数器中断 0→外部中断 1→定时/计数器中断 1→串行中断。

4. 外部中断源的扩展

1）利用定时器扩充外部中断源

在计数工作方式以及允许中断的情况下，如果把计数器全预置为 1，则在计数输入端（T0 或 T1)加一个脉冲，就可以使计数器溢出，产生溢出中断。如果以一个外部中断请求作为计数脉冲输入，则可以借计数中断之名行外部中断服务之实，即可以利用外中断申请的负脉冲产生定时器溢出中断申请而转入到相应的中断入口(000BH 或 001BH)，只要在中断入口存放的是为外中断服务的中断子程序，就可以最后实现借用定时/计数器溢出中断转为外部中断的目的，这就是通过定时/计数器实现外部中断。

具体实现方法为：

（1）置定时/计数器为工作模式 2，且为计数方式，即 8 位的自动装载方式，以便在依次中断响应后，自动为下次中断请求做好准备。计数器的低 8 位用做计数，高 8 位用做存放计数器的初值，当低 8 位计数器溢出时，高 8 位内容自动重装入低 8 位，从而使计数器可以重新按原规定的初值进行。

（2）定时/计数器的高 8 位和低 8 位都预置为 0FFH。

（3）将定时/计数器的计数输入端(P3.4、P3.5)作为扩展的外部中断请求输入。

（4）在相应的中断服务程序入口开始存放为外中断服务的中断服务程序。

2）中断和软件查询相结合扩充外部中断源

若系统中有多个外部中断请求，可以按照轻重缓急进行排队，把其中最高级别的中断源 IR0 直接接到 MCS-51 的一个外部中断源输入端$\overline{INT0}$，其余的中断源 IR1～IR4 用“线或”的办法连到另一个中断源输入端$\overline{INT1}$，同时还连到 P1 口，中断源的中断请求由外设的硬件电路产生，这种办法原则上可以处理任意多个外部中断。例如，5 个中断源的排队顺序依次为：IR0、IR1、IR2、IR3、IR4，对于这样的中断源系统，可以采用如图 3-23 所示的电路。图中的 4 个外设 IR1～IR4 的中断请求通过集电极开路的 OC 门构成“线或”关系，它们的中断请求输入均通过$\overline{INT1}$传给 CPU，无论哪一个外设提出高电平有效的中断请求信号，都会使得$\overline{INT1}$引脚的电平变低。具体是哪个外设提出的中断请求，可通过程序查询 P1.0～P1.3 端的逻辑电平。

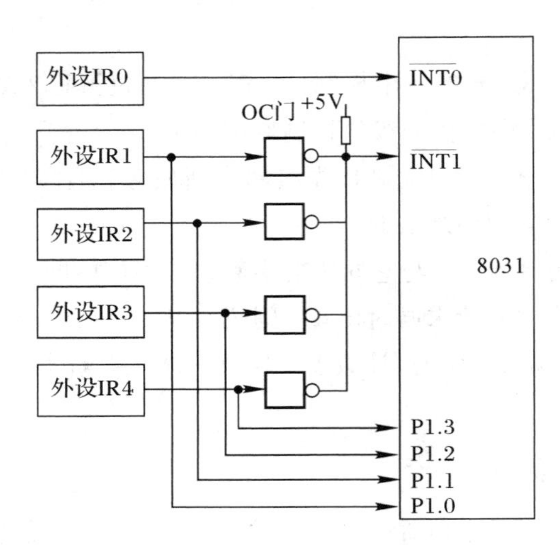

图 3-23　中断和查询相结合的多外部中断源系统

3.5.4　中断系统的应用控制过程

中断的实质就是用软件对 4 个与中断有关的特殊功能寄存器 TCON，SCON，IE，IP 进行管理和控制，在 MCS-51 单片机中，需要进行管理和控制的有以下几点。

（1）CPU 的开中断与关中断。

（2）各个中断源中断请求的允许和禁止（屏蔽）。

（3）各个中断源优先级别的设定。

（4）外部中断请求的触发方式。

中断管理程序和中断控制程序一般不独立编写，而是在主程序中编写，中断服务程序是具有特定功能的独立的程序段，它为中断源的特定要求服务，以中断返回指令结束。在中断响应过程中，断点的保护主要由硬件电路来实现。对用户来说，在编写中断服务程序时，首先要考虑保护现场和恢复现场。在多级中断系统中，中断可以嵌套，为了避免在保护现场或恢复现场时，由于 CPU 响应其他的更高级的中断请求而破坏现场，一般要求在保护现场和恢复现场时，CPU 不响应外界的中断请求，即关中断。因此在编写程序时，应在保护现场和恢复现场之前，使 CPU 关中断，在保护现场和恢复现场之后，根据需要使 CPU 开中断。

对于中断的具体应用示例，基于篇幅，这里不再赘述。

思　考　题

1. 8051 单片机芯片包含哪些主要逻辑功能部件？各有什么主要功能？

2. MCS-51 单片机的 EA 信号有何功能？在使用 8031 时，EA 信号引脚应如何处理？

3. 用图示形式画出 MCS-51 单片机的内部数据存储器（即内 RAM 含特殊功能寄存器）的组成结构，并简单说明各部分对应的用途。

4. 程序计数器（PC）作为不可寻址寄存器，它有哪些特点？

5. MCS-51 单片机的 4 个 I/O 口在使用上有哪些分工和特点？试比较各口的特点。

6. MCS－51 单片机运行出错或程序进入死循环，如何摆脱困境？

7. 堆栈指示器(SP)的作用是什么？在程序设计时，为什么要对 SP 重新赋值？

8. 内部 RAM 低 128 单元划分为哪几个主要部分？说明各部分的使用特点。

9. 在 MCS－51 单片机系统中，外接程序存储器和数据存储器共用 16 位地址线和 8 位数据线，在软件上是如何实现访问不冲突的？

10. 什么是指令周期、机器周期和时钟周期？如何计算机器周期的确切时间？

11. 使单片机复位有几种方法？复位后机器的初始状态如何？

12. 哪些变量类型是 C51 单片机直接支持的？

13. 简述 C51 单片机的数据存储类型。

14. C51 单片机的 data、bdata、idata 有什么区别？

15. 按照给定的数据类型和存储类型，写出下列变量的说明形式。

(1) 在 data 区定义字符变量 val1。

(2) 在 idata 区定义整型变量 val2。

(3) 在 xdata 区定义无符号字符型数组 val3[4]。

(4) 在 xdata 区定义一个指向 char 类型的指针 px。

(5) 定义可位寻址变量 flag。

(6) 定义特殊功能寄存器变量 P3。

16. 试编写一段程序，其功能为：将 30H～37H 单元依次下移(向高地址)一个单元。

17. 试编写一段程序，将内部 RAM 中 30H～3FH 单元数据传送到外部 RAM 中，首地址为 0F00H 开始的单元中。

18. 求 16 位带符号二进制补码数的绝对值。假定补码放在内部 RAM 的 num 和 num＋1 单元中，求得的绝对值仍放在原单元中。

19. 从内部 RAM20H 单元开始存放一组带符号数，字节个数存在 1FH 中。请统计出其中大于 0 和小于 0 的数的数目，并把统计结果分别存入 one、two 和 three3 个单元中。

20. 5 个双字节数，存放在外部 RAM 从 barf 开始的单元中，求它们的和，并把和存放在 sum 开始末单元中，请编程实现。

21. 把外部 RAM 中 block1 为首地址的数据块传送到内部 RAM 以 block2 为首地址的单元中去，数据块的长度为 n 字节。

22. 单片机用内部定时器 0 工作方式 1 以查询方式产生频率为 10 kHz 的等宽矩形波，设单片机的晶振频率为 12 MHz。请编程实现。

23. 晶振频率为 6 MHz 的 MCS－51 单片机，使用定时器 0 以定时方法在 P1.0 输出周期为 400 μs，占空比为 10∶1 的矩形脉冲，以定时工作方式 2 编程实现。

24. 定时/计数器 1 进行外部事件计数。每计数 1000 个脉冲后，定时/计数器 1 转为定时工作方式，定时 100 ms 后，又转为计数方式，如此循环不止。假定单片机晶振频率为 6 MHz，请使用工作方式 1 编程实现。

25. 假设单片机的晶体振荡器的频率是 12 MHz，利用定时器 1 采用方式 1 定时 20 ms，写出初值的计算过程和整个定时器初始化程序，同时写出在 P1.7 脚上输出 0.2 秒的方波的完整程序。

26. 已知单片机系统晶振频率为 6 MHz，若要求定时值为 10 ms 时，定时器 T0 工作在方式 1 时，定时器 T0 对应的初值是多少？TMOD 的值是多少？TH0＝？TL0＝？（写出步骤。）

27. 已知一 MCS－51 单片机系统外接晶体振荡器频率为 11.059 MHz，计算单片机系统的拍节 P、状态 S、机器周期所对应的时间是多少？指令周期中的单字节双周期指令的执行时间是多少？

28. 在有串行通信时，定时/计数器 1 的作用是什么？怎样确定串行口的波特率？

29. 简述串行数据传送的特点。

30. 在串行口工作在方式 1 和方式 3 时，定时/计数器 1 的作用是什么？若已知单片机的晶振频率为 12 MHz，且串行口的波特率为 4900 位/秒，写出定时计数器 1 的初始化程序。

31. MCS－51 单片机的中断系统有几个中断源？几个中断优先级？中断优先级是如何控制的？在出现同级中断申请时，CPU 按什么顺序响应（按由高级到低级的顺序写出各个中断源）？各个中断源的入口地址是多少？

32. 简述子程序调用和执行中断服务程序的异同点。

33. 80C51 单片机中哪些中断请求信号在中断响应时可以自动清除？哪些不能自动清除？应如何处理？

第三篇　系统开发与实战训练篇

本篇为系统开发与实战训练篇，是本书的重点，包括第四至六章。其中，第四章讲解系统开发与实战训练之模块设计，重点以模块化设计为基础讲解各个基本电路系统，设计模块包括键盘模块(独立式及矩阵式)，显示模块(发光二极管 LED 显示、数码管及 LCD 显示)，A/D、D/A 转换模块，蜂鸣器模块，温度测试模块。在每个模块扩展功能时，所用到的其他电路都尽量选择本章所述的相关模块，且保证每个模块都具有完整的程序及电路设计；第五章为系统开发与实战训练之基础训练，设计提出一些相当于课程设计难度的简单任务，主要包括交通灯控制器的设计、抢答器的设计、密码锁的设计、计算器的设计，并尽量利用第四章的各个模块搭建完成各个任务；第六章为系统开发与实战训练之应用系统开发，提出了相当于毕业设计难度的复杂任务，主要包括来电显示及语音自动播报系统开发任务，并给出各个设计任务的软件设计过程及具体电路。通过对本篇的学习，可使学生们循序渐进地掌握单片机的设计方法，并学会模块化设计方式，最终促进学生的单片机水平达到可以独立完成设计任务的高度。

第四章　模块设计

本章主要介绍模块设计，以模块化设计为基础讲解一些基本模块的电路系统以及程序设计方式。主要讲解了工程设计中常见的模块设计方法，包括键盘模块(独立式及矩阵式)，显示模块(发光二极管 LED 显示，数码管及 LCD 显示)，A/D、D/A 转换模块，蜂鸣器模块，温度测试模块。为了实现模块化设计，在每个模块扩展功能时，所用到的其他电路都尽量选择本章所述的相关模块，且保证每个模块都具有完整的程序及电路设计，同学们完全可以利用这些电路和程序实现相关功能。另外，每个模块都可以作为其他设计任务的子模块，只要将各个模块的电路和程序进行整合、移植，即可实现相应功能。在各个模块的说明中，首先对每个模块所用到的技术、芯片等进行简单介绍，然后具体给出各个模块的设计实例，包括完整的电路设计和程序，从而方便同学们学习。

4.1　显示模块设计

显示器的种类有很多，如 CRT 显示器、LED、LCD 等，这里只介绍发光二极管 LED、数码管、LCD 显示接口电路及程序设计方式。

4.1.1　单片机与发光二极管 LED 显示接口电路及程序设计

单片机与发光二极管 LED 显示接口电路比较简单，其程序设计方式有多种，这里以 8 个发光二极管 LED 显示为例，要求设计电路、编写程序，实现 8 个发光二极管 LED 花样灯的显示。

1. 实验电路

根据要求设计实验电路如图 4-1 所示，其中，所选单片机为 STC89C52。驱动电路选择 74HC573。

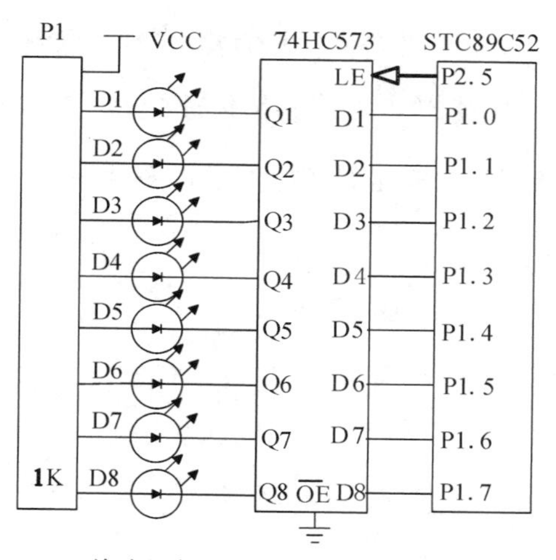

图 4-1　单片机与发光二极管 LED 显示接口电路

在图 4-1 中，P1 为 1 kΩ 的排阻，74HC573 驱动器在较多电路的系统板中比较适用，即当单片机总线还需要控制其他外设时，可以利用其进行实时隔离，但在本模块中，没有涉及其他模块的控制，因此，默认情况下的 P2.5 端口状态将控制 LE 端一直有效，所以不需要程序对 P2.5 端口进行控制就可以实现流水灯的工作，在阅读以下程序时可以留意这个问题。

2. 实验参考程序

发光二极管 LED 花样灯的软件程序设计一般有两种方法：一是程序循环执行；二是查表法。在这个程序中，对两种方法都进行了运用说明。

设计过程中，共完成了 5 个花样，其中，前四种是利用循环执行程序的方式，后一种利用查表法方式。第一种花样为：首先第一个灯 D1 亮(由 P1.0 口控制)，然后从 P1.0 口向 P1.7 口控制的 LED 保留前灯依次点亮；第二种花样为：首先第七个灯 D7 亮(由 P1.7 口控制)，然后从 P1.7 口向 P1.0 口控制的 LED 保留前灯依次点亮；第三种花样为：首先第一个灯 D1 亮(由 P1.0 口控制)，然后从 P1.0 口向 P1.7 口控制的 LED 单独依次点亮；第四种花样为：首先第七个灯 D7 亮(由 P1.7 口控制)，然后从 P1.7 口向 P1.0 口控制的 LED 单独依次点亮；第五种花样则由定义的表格数据决定的多个花样组成。根据以上电路设计 C 语言参考程序如下：

```
#include <reg52.h>
unsigned char code;
ss[]={0x7f, 0xbf, 0xdf, 0xef, 0xf7, 0xfb, 0xfd, 0xfe, 0xff, 0xff, 0x00, 0, 0x55, 0x55, 0xaa,
0xaa}; //可添加
void delay(unsigned int cnt)//延时
{while(--cnt); }
main()
{
  unsigned char i;
  while(1)
  {
    P1=0xFE; //第一个 LED 亮，从 1.0 向 1.7 依次点亮
    for(i=0;i<8;i++)
    {
      delay(30000);
      P1<<=1;}
  P1=0x7F;//第七个 LED 亮，从 1.7 向 1.0 依次点亮
    for(i=0; i<8; i++)
{
  delay(30000);
P1>>=1; }
P1=0xFE; //第一个 LED 亮，从 1.0 向 1.7 依次单独点亮
for(i=0; i<8; i++)
{
  delay(30000);
```

```
P1<<=1;
P1|=0x01;}
P1=0x7F; //第七个 LED 亮，从 1.7 向 1.0 依次单独点亮
for(i=0; i<8; i++)
{delay(30000);
P1>>=1;
P1|=0x80;}
for(i=0; i<16; i++)//查表显示各种花样
{delay(60000);
  P1=ss[i];
}
}
}
```

4.1.2　单片机与七段 LED 显示接口电路及程序设计

1. 7 段 LED 显示的工作原理

单片机常用的是 7 段 LED 显示和点阵 LED，这里重点讲解常见的 7 段 LED 显示。

七段 LED 由七段发光管组成，称为 a、b、c、d、e、f、g，有的带小数点 h。通过 7 个发光管的不同组合，可以显示 0～9 和 A～F 共 16 个字母数字，每个发光二极管通常需要 2—20 mA 的驱动电流才能发光。七段 LED 有共阴和共阳之分，共阴极一般比共阳极亮，多数场合用共阴极，其驱动电路一般由三极管构成，也可以用小规模集成电路，具体如图 4－2 所示。

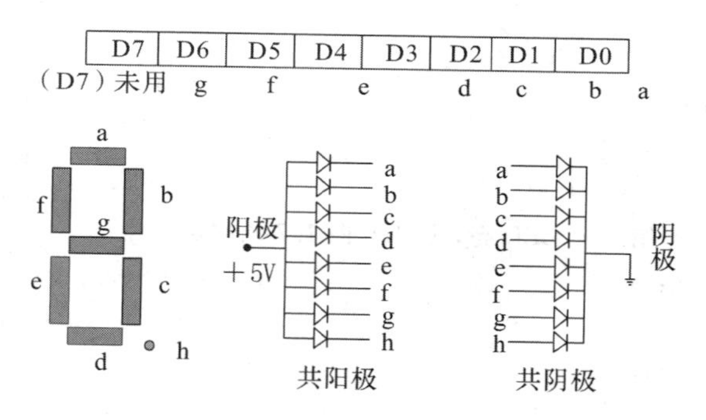

图 4－2　LED 数码管

2. 显示译码及多位显示方法

显示译码方式一般分为以下两种：软件译码法与硬件译码法。

(1) 软件译码法：将 0，1～F 共 16 个字母数字对应的显示代码组成一个表，存放在存储器中用软件映射(软件列表的方法)。

(2) 硬件译码法：利用专用芯片，如 LS7447(共阳极)或者 LS7448(共阳极)，实现 BCD 码到七段显示代码的译码和驱动。用专用芯片完成的段译码(共阳极)的具体电路如图 4－3 所示。

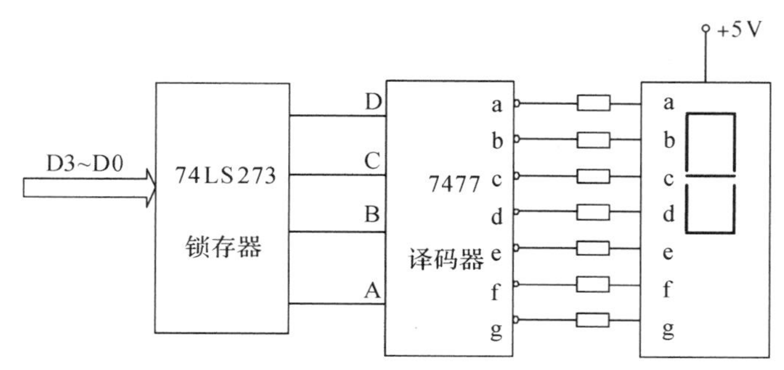

图 4-3　用专用芯片完成段译码电路

多位显示方法一般也分为两种：静态显示与动态显示。

(1) 静态显示：每一位的显示都有各自独立的 8 位输出口控制，在显示该数字时，相应段恒定地发光或不发光。

(2) 动态显示：多路复用，各个显示器共用一个译码器和驱动器。

静态显示需要占用太多的 I/O 口线，但编程简单；动态显示比较节省硬件，但编程较复杂。

3. 单片机与 7 段 LED 显示接口电路及程序设计示例

单片机与 LED 显示接口电路及程序设计方式有多种，这里以 6 个共阴数码管动态显示为例，要求设计电路，编写程序实现控制 6 个数码管共同显示十进制数的部分数码，即依次显示 6 个 0 到 6 个 8，并实现循环显示。

1) 实验电路

根据要求设计实验电路如图 4-4 所示，其中，所选单片机为 STC89C52，驱动电路为 74HC573，P1 为 1 kΩ 排阻。

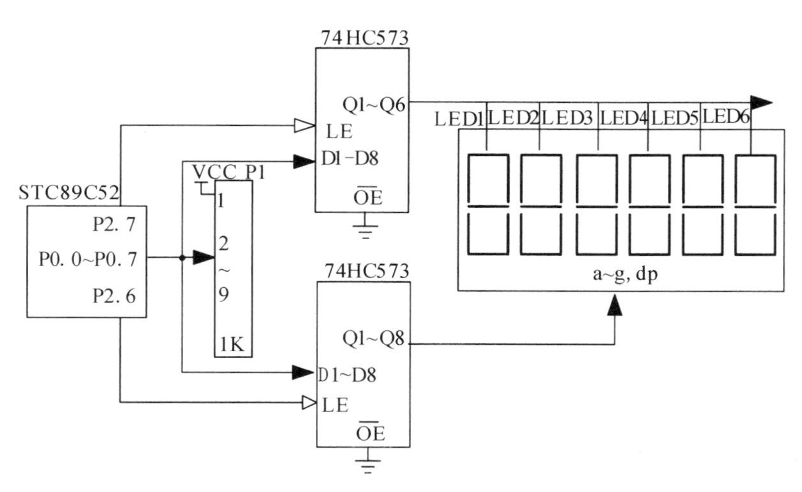

图 4-4　单片机与七段 LED 显示接口电路

2) 实验参考程序

根据以上电路，设计 C 语言参考程序如下：

```
#include<reg52.h>
sbitdd=P2^6;
sbitww=P2^7;
unsigned charnn;
unsigned char code;
tt[]={0x3f, 0x06, 0x5b, 0x4f, 0x66, 0x6d, 0x7d, 0x07, 0x7f, 0x6f, 0x77, 0x7c,
0x39, 0x5e, 0x79, 0x71};
void delay(unsigned int y)
{
  unsigned int a, b;
  for(a=y;a>0;a--)
  for(b=0;b<500;b++);}
void main()
{
  ww=1;
  P0=0x00;
  ww=0;
  while(1)
{
  for(nn=0;nn<9;nn++)
{
  dd=1;
  P0=tt[nn];
  dd=0;
  delay(200);}}}
```

程序说明如下：

（1）此例子的程序是简化的，程序设计同时让各个数码管的公共端有效，并显示同一数码，看起来像是静态显示，但其电路连接属于动态连接方式，各个数码管的位选可以分别控制，很方便地在此程序基础上更改显示方式。

（2）在该例子实现过程中，还可以修改程序实现其他数码管点亮形式或实现数码管点亮频率的变化。

（3）程序中字形码是从 0～F，因此，可以很容易地修改功能程序，从而实现 0～F 的任意显示。

（4）可以设计几个实现以上功能的编程方法，除此以外，运用汇编语言也可以实现同样的功能。

4.1.3　单片机与 LCD 显示接口电路及程序设计

1. 1602LCD 的基本参数及引脚功能

字符型液晶显示模块是一种专门用于显示字母、数字、符号等点阵式的 LCD，目前常用的模块有 16×1，16×2，20×2 和 40×2 等。下面以长沙太阳人电子有限公司的 1602 字符型液晶显示器为例，介绍其用法。

1602LCD分为带背光和不带背光两种，其控制器大部分为HD44780，带背光的比不带背光的厚，是否带背光在应用中并无差别，1602LCD采用标准的14脚(无背光)或16脚(带背光)接口，各引脚接口说明如表4-1所示。

表4-1　LCD1602引脚说明

编　号	符　号	引脚说明	编　号	符　号	引脚说明
1	VSS	电源地	9	D2	数据
2	VDD	电源正极	10	D3	数据
3	VL	液晶显示偏压	11	D4	数据
4	RS	数据/命令选择	12	D5	数据
5	R/W	读/写选择	13	D6	数据
6	E	使能信号	14	D7	数据
7	D0	数据	15	BLA	背光源正极
8	D1	数据	16	BLK	背光源负极

在表4-1中，第1脚VSS为地电源；第2脚VDD接5 V正电源；第3脚VL为液晶显示器对比度调整端，接正电源时对比度最弱，接地时对比度最高，对比度过高时会产生“鬼影”，使用时可以通过一个10 kΩ的电位器调整对比度；第4脚RS为寄存器选择，高电平时选择数据寄存器、低电平时选择指令寄存器；第5脚R/W为读写信号线，高电平时进行读操作，低电平时进行写操作。当RS和R/W共同为低电平时可以写入指令或者显示地址，当RS为低电平，R/W为高电平时可以读忙信号，当RS为高电平、R/W为低电平时可以写入数据；第6脚E端为使能端，当E端由高电平跳变成低电平时，液晶模块执行命令；第7～14脚(D0～D7)为8位双向数据线；第15脚背光源正极；第16脚背光源负极。

2. 1602LCD的指令说明及时序

1602液晶模块内部的控制器共有11条控制指令，如表4-2所示。

表4-2　1602液晶模块控制指令

序号	指令	RS	R/W	D7	D6	D5	D4	D3	D2	D1	D0
1	指令1	0	0	0	0	0	0	0	0	0	1
2	指令2	0	0	0	0	0	0	0	0	1	*
3	指令3	0	0	0	0	0	0	0	1	I/D	S
4	指令4	0	0	0	0	0	0	1	D	C	B
5	指令5	0	0	0	0	0	1	S/C	R/L	*	*

续表

序号	指令	RS	R/W	D7	D6	D5	D4	D3	D2	D1	D0
6	指令 6	0	0	0	0	1	DL	N	F	*	*
7	指令 7	0	0	0	1	字符发生存储器地址					
8	指令 8	0	0	1		显示数据存储器地址					
9	指令 9	0	1	BF		计数器地址					
10	指令 10	1	0			要写的数据内容					
11	指令 11	1	1			读出的数据内容					

液晶模块的读写操作、屏幕和光标的操作都是通过指令编程来实现的。表 4 - 2 中的具体指令的含义如下：

指令 1：清显示。指令码 01H，光标复位到地址 00H 位置。

指令 2：光标复位。光标返回到地址 00。

指令 3：光标和显示模式设置。其中，I/D 为光标移动方向控制，高电平右移，低电平左移；S 为屏幕上所有文字左移或右移标志，高电平表示有效，低电平则无效。

指令 4：显示开关控制。其中，D 控制整体显示的开与关，高电平表示开显示，低电平表示关显示；C 控制光标的开与关，高电平表示有光标，低电平表示无光标；B 控制光标是否闪烁，高电平为闪烁，低电平为不闪烁。

指令 5：光标或显示移位。其中，S/C 为高电平时移动显示的文字，为低电平时移动光标。

指令 6：功能设置命令。其中，DL 为高电平时是 4 位总线，为低电平时是 8 位总线；N 为低电平时单行显示，为高电平时双行显示；F 为低电平时显示 5×7 的点阵字符，为高电平时显示 5×10 的点阵字符。

指令 7：字符发生器 RAM 地址设置。

指令 8：DDRAM 地址设置。

指令 9：读忙信号和光标地址。其中，BF 为忙标志位，高电平表示忙，此时模块不能接收命令或者数据，低电平表示不忙。

指令 10：写数据。

指令 11：读数据。

3. 1602LCD 的 RAM 地址映射及标准字库表

液晶显示模块是一个慢显示器件，所以在执行每条指令之前一定要确认模块的忙标志为低电平，即表示不忙，否则此指令失效。要显示字符时要先输入显示字符地址，图 4 - 5 是 1602 的内部显示地址。

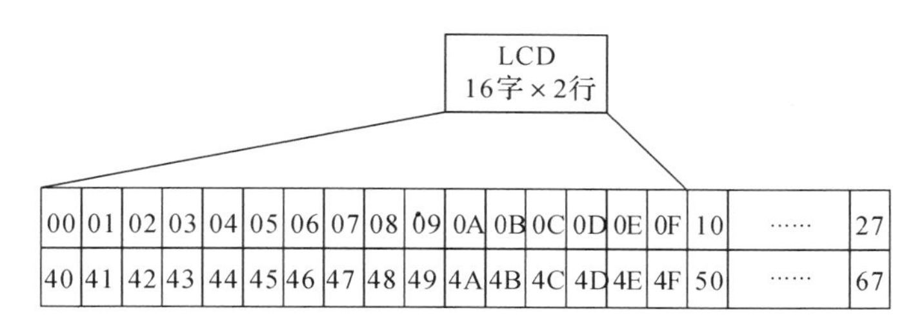

图 4-5　1602 内部显示地址

在显示过程中，例如第二行第一个字符的地址是 40H，那么直接写入 40H 是否就可以将光标定位在第二行第一个字符的位置呢？这样不行，因为写入显示地址时要求最高位 D7 恒定为高电平 1，所以，实际写入的数据应该是 01000000B(40H)＋10000000B(80H)＝11000000B(C0H)。

在对液晶模块的初始化中要先设置其显示模式，在液晶模块显示字符时光标自动右移，无需人工干预。每次输入指令前都要判断液晶模块是否处于忙的状态。

另外，1602 液晶模块内部的字符发生存储器(CGROM)已经存储了 160 个不同的点阵字符图形，如表 4-3 所示，这些字符有：阿拉伯数字、英文字母的大小写、常用的符号、日文假名等，每一个字符都有一个固定的代码，比如大写的英文字母“A”的代码是 01000001B(41H)，显示时模块把地址 41H 中的点阵字符图形显示出来，就能看到字母“A”。

表 4-3　CGROM 和 CGRAM 中字符代码与字符图形对应关系

	0000	0001	0010	0011	0100	0101	0110	0111	1000	1001	1010	1011	1100	1101	1110	1111
xxxx0000	CGRAM (1)			0	@	P	`	p				ー	タ	ミ	α	p
xxxx0001	(2)		!	1	A	Q	a	q			。	ア	チ	ム	ä	q
xxxx0010	(3)		"	2	B	R	b	r			「	イ	ツ	メ	β	θ
xxxx0011	(4)		#	3	C	S	c	s			」	ウ	テ	モ	ε	∞
xxxx0100	(5)		$	4	D	T	d	t			、	エ	ト	ヤ	μ	Ω
xxxx0101	(6)		%	5	E	U	e	u			・	オ	ナ	ユ	σ	ü
xxxx0110	(7)		&	6	F	V	f	v			ヲ	カ	ニ	ヨ	ρ	Σ
xxxx0111	(8)		'	7	G	W	g	w			ァ	キ	ヌ	ラ	g	π
xxxx1000	(1)		(	8	H	X	h	x			ィ	ク	ネ	リ	√	x̄
xxxx1001	(2)		)	9	I	Y	i	y			ゥ	ケ	ノ	ル	⁻¹	y
xxxx1010	(3)		*	:	J	Z	j	z			ェ	コ	ハ	レ	j	千
xxxx1011	(4)		+	;	K	[	k	{			ォ	サ	ヒ	ロ	ˣ	万
xxxx1100	(5)		,	<	L	¥	l	|			ャ	シ	フ	ワ	¢	円
xxxx1101	(6)		-	=	M	]	m	}			ュ	ス	ヘ	ン	£	÷
xxxx1110	(7)		.	>	N	^	n	→			ョ	セ	ホ	゛	ñ	
xxxx1111	(8)		/	?	O	_	o	←			ッ	ソ	マ	゜	ö	█

4. 单片机与 LCD 显示接口电路及程序设计

单片机与 LCD 显示接口电路及程序设计方式有多种，这里以 LCD1602 为例，并要求设计电路，编写程序实现控制在 1602 的第一行显示“nihao”，第二行显示“tongxue”。

1）实验电路

根据要求设计实验电路如图 4-6 所示。其中，所选单片机为 STC89C52，液晶显示器为 LCD1602，P1 为 1 kΩ 的排阻。

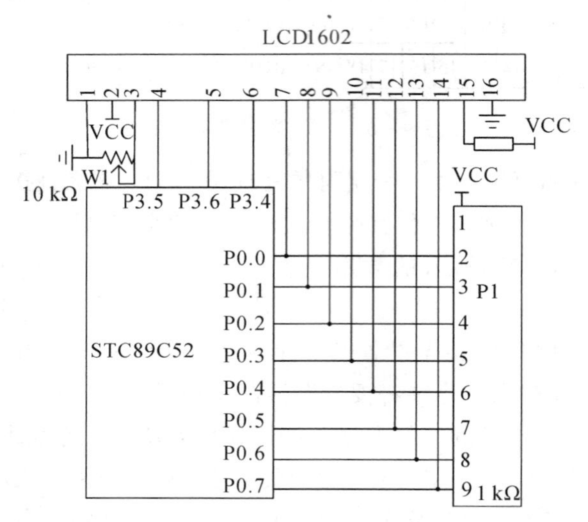

图 4-6　单片机与 LCD1602 显示接口电路

2）实验参考程序

根据以上电路设计 C 语言参考程序如下：

```
#include<reg52.h>
#define uchar unsigned char
#define uint unsigned int
sbit rrs=P3^5;
sbit llc=P3^4;
sbit rrw=P3^6;
uchar tab1[]="nihao";
uchar tab2[]="tongxue";
void delay(uint x)
{
  uint a, b;
    for(a=x;a>0;a--)
      for(b=10;b>0;b--);
}
void delay1(uint x)
{
  uint a, b;
    for(a=x;a>0;a--)
  for(b=100;b>0;b--);
}
```

```
void write_com(uchar com)
{
  P0=com;
    rrs=0;
    rrw = 0;
    llc=0;
    delay(10);
    llc=1;
    delay(10);
    llc=0;
}
void write_date(uchar date)
{
  P0=date;
    rrs=1;
    rrw = 0;
    llc=0;
    delay(10);
    llc=1;
    delay(10);
    llc=0;
}
void init()
{   rrw=0;
    write_com(0x38);
    delay(20);
    write_com(0x0f);
    delay(20);
    write_com(0x06);
    delay(20);
    write_com(0x01);
    delay(20);
}
void main()
{
  uchar a;
    init();
    write_com(0x80+17);
    delay(20);
    for(a=0;a<5;a++)
    {
```

```
        write_date(tab1[a]);//%第一行为5个字符，可以根据实际显示字符数进行调整
        delay(20);
    }
    write_com(0xc0+17);
    delay(50);
    for(a=0;a<7;a++)
    {
        write_date(tab2[a]);//%第二行为7个字符，可以根据实际显示字符数进行调整
        delay(40);
    }
    for(a=0;a<17;a++)
    {
        write_com(0x18);
        delay1(20);}
    while(1);
}
```

4.2　键盘模块设计

为了控制一些系统运行状态，需要向其输入命令或数据，这就要通过键盘来实现，键盘包括数字键、功能键、组合控制键等，常见的键盘输入与软件编写涉及的主要问题如下。

4.2.1　键盘及按键简介

1. 键开关状态的可靠输入及消除抖动干扰

键盘的操作是利用机械触点的合、断作用来实现的，但是，由于机械触点的弹性作用，在按键的闭合及断开瞬间均有抖动，会出现负脉冲，而抖动的持续时间与键的质量相关，时间一般为5～10 ms，如图4-7所示。

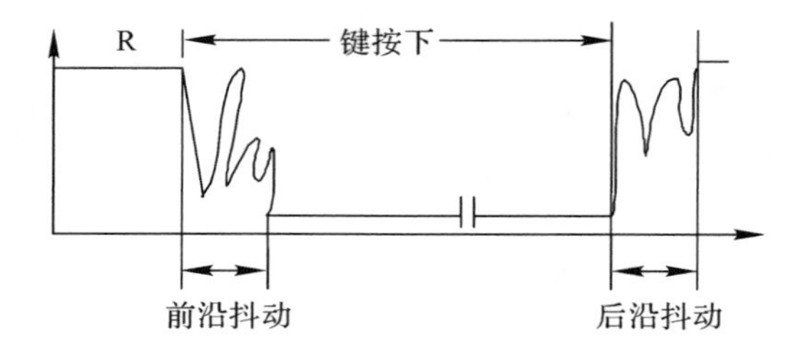

图4-7　按键开关的抖动状态

因此，按键设计需要考虑消除抖动干扰的问题，所谓去抖动是指在识别被按键和释放键时必须避开抖动状态，只有处在稳定接通或稳定断开状态才能保证识别正确无误。去抖动问题可通过软件延时或硬件电路解决。

☆ 软件：检测到有键按下，执行一个10 ms的延时程序后，再确认该键电平是否仍保持闭合状态电平，如保持闭合状态电平则可确认有键按下，从而消除了抖动的影响。

☆ 硬件：对每个键加一个 RC 滤波电路或 RS 去抖动电路。

2. 被按键的识别和编码的生成

对按键或键盘的识别一般都是通过 I/O 口线来查询其开关状态完成，而按键也都采用一定的编码形式，键盘结构不同，采用编码也不同。因此，在按键的识别过程中，需要将 I/O口线的查询值转换为相对应的键值，以实现按键功能程序的转移。对于矩阵键盘常用的键盘识别方法有：行扫描法、线反转法。

1）行扫描法

先进行全扫描，将所有行线置成 0 电平，然后扫描全部列线，如果读入的列值不全是 1，则说明有键按下，再用逐行扫描的办法确定哪一个键被按下。

2）线反转法

行线输出，列线输入，各行线全部送 0 电平，键被按下，则必有一列线为 0 电平。然后线反转，行线输入，列线输出，将刚刚读到的列线值输出到列线，再读取行线的值，若键被按下，则闭合键的行线必为 0 电平。

3. 按键监测

对按键监测方式一般有查询和中断两种方式。

1）编程扫描查询方式

即利用 CPU 在完成其他工作的空余，调用键盘扫描子程序，来响应键输入要求。执行键功能程序时，CPU 不再响应键输入要求。

2）中断扫描方式

当键盘上有键闭合时产生中断请求，CPU 响应中断请求后，转去执行中断服务程序，在中断服务程序中判别键盘上闭合键的键号，并做相应的处理。

4. 编制键盘程序

编写的键盘扫描程序一般应具有下述 4 个功能：

☆ 判别键盘上有无键按下。

☆ 去除键的抖动影响。

☆ 确定按键位置。

☆ 判别按键是否释放。

4.2.2　单片机与独立式键盘接口电路及程序设计

独立式按键是指直接用 I/O 口线构成的单个按键电路。每根 I/O 口线上按键的工作状态不会影响其他 I/O 口线的工作状态。单片机与独立式键盘接口电路及程序设计方式有多种，这里以 4 个独立式按键电路为例，要求设计电路、编写程序来实现利用 S2 控制广告灯依次向高位点亮。

1. 实验电路

根据要求设计实验电路如图 4－8 所示，其中，所选单片机为 STC89C52。为了实现模块化设计，例中需要用到的广告灯电路仍旧采用本书之前的电路，具体见“单片机与发光二极管 LED 显示接口电路”。

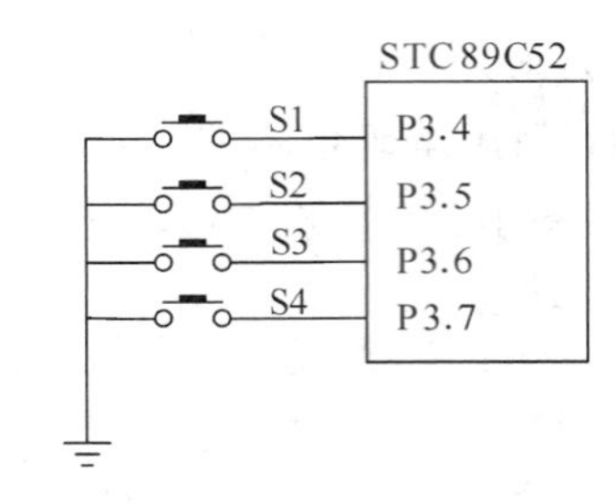

4－8　单片机与独立式键盘接口电路

2. 实验参考程序

根据以上电路设计 C 语言参考程序如下：

```
#include <reg52.h>
sbitANJIAN=P3^5;                //定义按键的输入端 S2 键
unsigned char count;            //按键计数，每按一下，count 加 1
unsigned char temp;
unsigned char a;
void delay(void)                //延时程序
{
  unsigned char i, j;
  for(i=100;i>0;i--)
  for(j=248;j>0;j--);
}
key()                           //按键判断程序
{
  if(ANJIAN==0)                 //判断是否按下键盘
{
delay();                        //延时，软件去干扰
if(ANJIAN==0)                   //确认按键按下
{
  count++;                      //按键计数加 1
  if(count==8)                  //计 8 次重新计数
  {
  count=0;                      //将 count 清零
  }
}
  while(ANJIAN==0);             //按键锁定，每按一次 count 只加 1
  }
}
```

```
move()                          //广告灯向高位依次点亮
{
  a=temp<<count;
  P1=a;
}
main()
{
  count=0;                      //初始化参数设置
  temp=0xfe;
  P1=0xff;
  P1=temp;
  while(1)                      //永远循环，扫描判断按键是否按下
{
  key();//调用按键识别函数
  move();//调用广告灯函数
  }
}
```

程序说明如下：

☆ 该程序执行过程中，最初广告灯中与 P1.0 口相连的 D1 点亮，然后 S2 按键每按动一次，广告灯依次点亮，同时，前一个灯保持亮的状态。

☆ 该程序仅仅用了 S2 按键，利用其他按键同样可以实现其他的扩展功能，设计程序时只需要修改按键处理程序即可。

4.2.3　单片机与矩阵式键盘接口电路及程序设计

在键盘中按键数量较多时，为了减少 I/O 口的占用，通常将按键排列成矩阵形式，这种键盘就是矩阵键盘。在矩阵式键盘中，每条水平线和垂直线在交叉处不直接连通，而是通过一个按键加以连接，这样，一个端口(如 P1 口)就可以构成 4×4=16 个按键。与直接将端口线用于键盘相比，按键多出了一倍，而且线数越多，区别越明显，比如再多加一条线就可以构成 20 键的键盘，由此可见，在需要的键数比较多时，采用矩阵法来做键盘是合理的。

单片机与矩阵式键盘接口电路及程序设计方式有多种，这里以 4×4 矩阵键盘的扫描为例，编写一段程序，要求控制按键按下后，数码管上显示相应的键号，即按下各个按键后，6 个数码管共同显示十六进制数码所代表的按键号，按键号为从 0～F。

1. 实验电路

根据要求设计实验电路如图 4-9 所示，其中，所选单片机为 STC89C52。键盘为 4×4 矩阵键盘。另外，本任务所需要的显示部分电路见“单片机与七段 LED 显示接口电路”，为了让同学们能有模块化的概念，显示部分完全采用了与其相同的电路结构，这里不再具体给出。

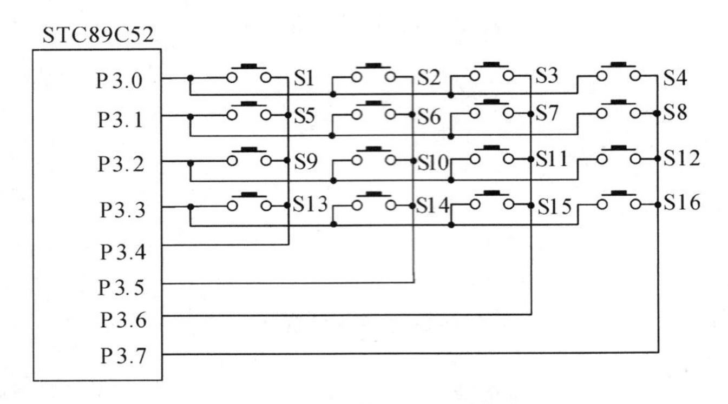

图 4-9 单片机与矩阵式键盘接口电路

2. 实验参考程序

根据以上电路设计C语言参考程序如下：

```
#include<reg51.h>
sbit dd=P2^6;
sbit ww=P2^7;
unsigned char i=100;
unsigned char j, k, temp, key;
void delay(unsigned char i)
{
  for(j=i;j>0;j--)
    for(k=125;k>0;k--);
}
unsigned char code table[]={0x3f, 0x06, 0x5b, 0x4f, 0x66, 0x6d, 0x7d,
0x07, 0x7f, 0x6f, 0x77, 0x7c, 0x39, 0x5e, 0x79, 0x71};
display(unsigned char num)
{
    P0=table[num];
    dd=1;
    dd=0;
    P0=0xc0;
    ww=1;
    ww=0;
}
void main()
{
  dd=0;
  ww=0;
  while(1)
  {
```

```
P3=0xfe;
temp=P3;
temp=temp&0xf0;
if(temp!=0xf0)
{
  delay(10);
  if(temp!=0xf0)
  {
    temp=P3;
    switch(temp)
    {
      case 0xee:
            key=0;
            break;
      case 0xde:
            key=1;
            break;
      case 0xbe:
            key=2;
            break;
      case 0x7e:
            key=3;
            break;
     }
     while(temp!=0xf0)
     {
        temp=P3;
        temp=temp&0xf0;
        }
        display(key);

     P1=0xfe;
  }
}
P3=0xfd;
temp=P3;
temp=temp&0xf0;
if(temp!=0xf0)
{
delay(10);
```

```
        if(temp!=0xf0)
          {
            temp=P3;
            switch(temp)
            {
              case 0xed:
                      key=4;
                      break;
              case 0xdd:
                      key=5;
                      break;
              case 0xbd:
                      key=6;
                      break;
              case 0x7d:
                      key=7;
                      break;
            }
             while(temp!=0xf0)
            {
                temp=P3;
                temp=temp&0xf0;
                    }
                    display(key);
            P1=0xfc;
            }
            }
        P3=0xfb;
        temp=P3;
        temp=temp&0xf0;
        if(temp!=0xf0)
        {
          delay(10);
          if(temp!=0xf0)
          {
            temp=P3;
            switch(temp)
            {
              case 0xeb:
                      key=8;
```

```
                break;
            case 0xdb:
                key=9;
                break;
            case 0xbb:
                key=10;
                break;
            case 0x7b:
                key=11;
                break;
        }
        while(temp!=0xf0)
        {
            temp=P3;
            temp=temp&0xf0;
            }
            display(key);
        P1=0xf8;
    }
}
P3=0xf7;
temp=P3;
temp=temp&0xf0;
if(temp!=0xf0)
{
    delay(10);
    if(temp!=0xf0)
    {
        temp=P3;
        switch(temp)
        {
            case 0xe7:
                key=12;
                break;
            case 0xd7:
                key=13;
                break;
            case 0xb7:
                key=14;
                break;
```

```
                case 0x77:
                    key=15;
                    break;
            }
            while(temp!=0xf0)
            {
                temp=P3;
                temp=temp&0xf0;
            }
            display(key);
        P1=0xf0;
        }
      }
    }
  }
```

程序说明如下：

☆ 在该例子实现过程中，可以很方便地修改程序以实现其他矩阵键盘的其他编码顺序。

☆ 还可以设计其他编程方法来实现以上功能，另外，运用汇编语言也可以实现同样的功能。

4.3　模数转换及数模转换模块设计

模数转换主要是对模拟信号进行采样，然后量化编码为二进制数字信号；数模转换是模数转换的逆过程，主要是将当前数字信号重建为模拟信号，就是将离散的数字量转换为连续变化的模拟量。外部信号一般是连续变化的模拟量，而 CPU 只能处理数字量，就需要将模拟量转化成数字量再传输给 CPU。处理之后的信号如果需要驱动一些如二极管之类的外部设备，还需要将数字信号转换为模拟信号。因此，模数转换及数模转换在实际应用中具有非常重要的地位。下面即对常见的数模转换芯片 DAC0832 以及模数转换芯片 ADC0804 进行具体叙述。

4.3.1　单片机与数模转换接口电路及程序设计

1. 数模转换 DAC0832 的基本参数及引脚功能

DAC0832 是一种 8 位的 D/A 转换器芯片，有两路差动电流信号输出，其数字量输入端具有双重缓冲功能，可由用户按双缓冲、单缓冲及直通方式进行线路连接，实现数字量的输入控制，特别是用于要求几个模拟量同时输出的场合，与微处理器的接口连接非常方便。DAC0832 的规格与参数如下：

(1) 分辨率为 8 位。

(2) 转换时间约 1 μs。

(3) 输入电平符合 TTL 电平标准。

(4) 功耗为 20 mW。

DAC0832 只需要一组供电电源，其值可以在+5 V～+10 V 范围内。DAC0832 的基准电压 VREF=－10 V～+10 V，因而可以通过改变 VREF 的符号来改变输出极性。其引脚图如图 4-10 所示。

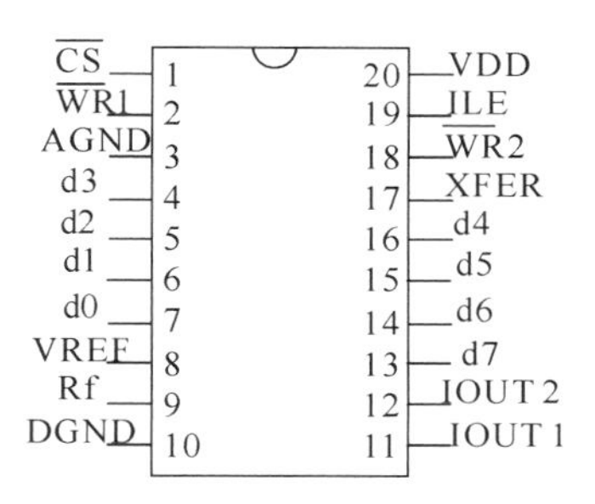

图 4-10　DAC0832 引脚图

d0～d7：8 位数据输入线，TTL 电平，有效时间应大于 90 ns(否则锁存器的数据会出错)。

ILE：数据锁存允许控制信号输入线，高电平有效。

$\overline{CS}$：片选信号输入线(选通数据锁存器)，低电平有效。

$\overline{WR1}$：数据锁存器写选通输入线，负脉冲(脉宽应大于 500 ns)有效。由 ILE、$\overline{CS}$、$\overline{WR1}$的逻辑组合产生 LE1，当 LE1 为高电平时，数据锁存器状态随输入数据线变换，LE1 的负跳变时将输入数据锁存。

XFER：数据传输控制信号输入线，低电平有效，负脉冲(脉宽应大于 500ns)有效。

$\overline{WR2}$：DAC 寄存器选通输入线，负脉冲(脉宽应大于 500 ns)有效。由 WR2、XFER 的逻辑组合产生 LE2，当 LE2 为高电平时，DAC 寄存器的输出随寄存器的输入而变化，LE2 的负跳变时将数据锁存器的内容打入 DAC 寄存器并开始 D/A 转换。

IOUT1：电流输出端 1，其值随 DAC 寄存器的内容线性变化。

IOUT2：电流输出端 2，其值与 IOUT1 值之和为一常数。

Rf：反馈信号输入线，改变 Rf 端外接电阻值可调整转换满量程精度。

VDD：电源输入端，VDD 的范围为+5 V～+15 V。

VREF：基准电压输入线，VREF 的范围为－10 V～+10 V。

AGND：模拟信号地。

DGND：数字信号地。

2. 数模转换 DAC0832 的工作方式

DAC0832 是采样频率为八位的 D/A 转换芯片，集成电路内有两级输入寄存器，使 DAC0832 芯片具备双缓冲、单缓冲和直通三种输入方式，以便适于各种电路的需要(如要求多路 D/A 异步输入、同步转换等)。对 DAC0832 的数据锁存器和 DAC 寄存器的不同控制方式具体说明如下。

（1）单缓冲方式。单缓冲方式是控制输入寄存器和DAC寄存器中的一个寄存器工作于直通状态，另一个工作于受控锁存器状态，此方式适用只有一路模拟量输出或几路模拟量异步输出的情形，当不要求多相D/A同时输出时，可以采用单缓冲方式，此时只需一次写操作，就开始转换。

（2）双缓冲方式。双缓冲方式是两个寄存器均工作于受控锁存器状态，即先使输入寄存器接收数据，再控制输入寄存器将数据输出到DAC寄存器，也就是分两次锁存输入数据。此方式适用于多个D/A转换同步输出的情形。

（3）直通方式。直通方式是数据不经两级锁存器锁存，即$\overline{CS}$、$\overline{WR1}$、XFER、$\overline{WR2}$均接地，ILE接高电平。此方式适用于连续反馈控制线路和不带微机的控制系统。

D/A转换结果采用电流形式输出。若需要相应的模拟电压信号，可通过一个高输入阻抗的线性运算放大器实现。运放的反馈电阻可通过Rf端引用片内固有电阻，也可外接。DAC0832逻辑输入满足TTL电平，可直接与TTL电路或微机电路连接。

3. 单片机与DAC0832接口电路及程序设计示例

选择+5V作为参考电压，且设置为直通工作方式，设计要求为单片机将数字量送给DAC0832进行数模转换，转换后的模拟量控制一个发光二极管的亮暗变化，同时采用3个数码管显示当前的数字量，数字量从255～0依次变化。

1）实验电路

根据要求设计实验电路如图4-11所示，其中，所选单片机为STC89C52。例中需要用到数码管电路，为了实现模块化设计，电路仍旧采用本书之前的电路，具体见“单片机与七段LED显示接口电路”，该例中只用到其中的前三个数码管。

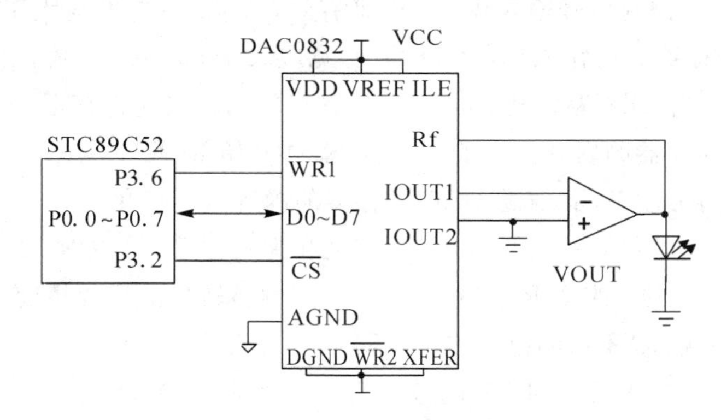

图4-11　单片机与DAC0832接口电路

2）实验参考程序

根据以上电路设计C语言参考程序如下：

```
#include <reg51.H>
sbitwwe=P2^7;  //数码管位选
sbitddu=P2^6;  //数码管段选
```

```
sbit dw=P3^6;   //DA 写
sbit dc=P3^2;   //DA 片选
unsigned char j, k;
void delay(unsigned char i)
{     for(j=i;j>0;j--)
      {
           for(k=125;k>0;k--);
      }
}
unsigned char code
table[]={0x3f, 0x06, 0x5b, 0x4f, 0x66, 0x6d, 0x7d, 0x07, 0x7f, 0x6f, 0x77, 0x7c, 0x39, 0x5e, 0x79, 0x71};//0-F 共阴极数码管的编码
unsigned char count;
unsigned char datas[]={0, 0, 0};
void display(unsigned char value)
{     datas[0]=value/100;
      datas[1]=value%100/10;
      datas[2]=value%10;
      for(count=0;count<3;count++)
{          wwe=0;
                P0=((0xfe<<count)|(0xfe>>(8-count))); //选择第(count+1)个数码管
                wwe=1;//打开锁存，给下降沿
                wwe=0;
                ddu=0;
                P0=table[datas[count]];//显示数字
                ddu=1;//打开锁存，给下降沿
                ddu=0;
           delay(5);//延时 5ms，即亮 5ms
           //清除段选，让数码管灭，除去对下一位的影响
           ddu=0;
           P0=0x00;
           ddu=1;//打开锁存，给下降沿
           ddu=0;
      }
}
unsigned chardata1, icount;
void main()
{     wwe=0;   //关闭数码管
      ddu=0;
      dc=0;   //打开 DA 片选
```

```
        data1=255;
       while(1)
       {    dw=0;//向 DA 写数据
            P0=data1;
            dw=1;//关闭 DA 写
            for(icount=0;icount<10;icount++)
            { display(data1);
            }
       data1--;
       }
    }
```

4.3.2　单片机与模数转换接口电路及程序设计

1. 模数转换 ADC0804 的基本参数及引脚功能

ADC0804 是一款 8 位、单通道、低价格 A/D 转换器芯片，主要特点是模数转换时间大约 100 μs；方便 TTL 或 CMOS 标准接口；可以满足差分电压输入；具有参考电压输入端；内含时钟发生器；单电源工作时输入电压范围是 0～+5 V；不需要调零等。主要参数如下：

工作电压：+5 V，即 VCC=+5 V；

模拟转换电压范围：0～+5 V，即 0 V≤Vin≤+5 V；

分辨率：8 位，即分辨率为 $1/2^8=1/256$，转换值介于 0～255 之间；

转换时间：100 μs；

转换误差：±1LSB；

参考电压：2.5 V。

其引脚图如图 4-12 所示。

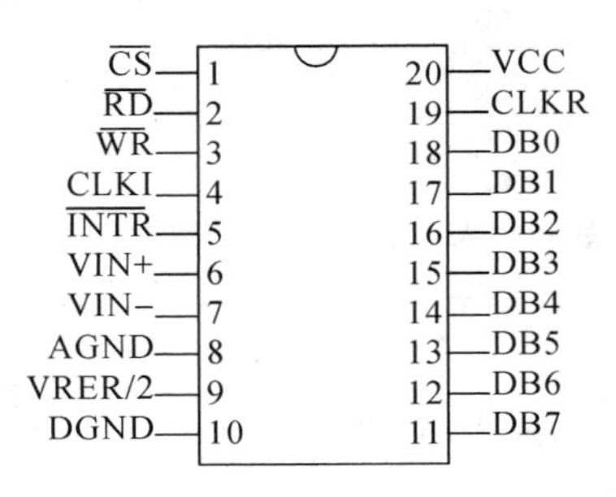

图 4-12　ADC0804 引脚图

$\overline{CS}$：芯片片选信号，低电平有效。即$\overline{CS}$=0 时，芯片正常工作，高电平时芯片不工作。在外接多个 ADC0804 芯片时，该信号可以作为地址选择使用，通过不同的地址信号使能不同的 ADC0804 芯片，从而可以实现多个 ADC 通道的分时复用。

$\overline{WR}$：启动 ADC0804 进行 ADC 采样，该信号低电平有效，即由低电平变成高电平时，触发一次 ADC 转换。

$\overline{RD}$：低电平有效，即$\overline{RD}$=0 时，DAC0804 把转换完成的数据加载到 DB 口，可以通过

数据端口 DB0～DB7 读出本次的采样结果。

VIN＋和 VIN－：模拟电压输入端，单边输入时模拟电压输入接 VIN＋端，VIN－端接地。双边输入时 VIN＋端、VIN－端分别接模拟电压信号的正端和负端。当输入的模拟电压信号存在“零点漂移电压”时，可在 VIN－端接一等值的零点补偿电压，变换时将自动从 VIN＋端中减去这一电压。

VREF/2：参考电压接入引脚，该引脚可外接电压也可悬空，若外接电压，则 ADC 的参考电压为该外界电压的两倍，如不外接，则 VREF 与 VCC 共用电源电压，此时 ADC 的参考电压即为电源电压 VCC 的值。

CLKI 和 CLKR：外接 RC 振荡电路产生模数转换器所需的时钟信号，时钟频率 CLK＝1/1.1RC，一般要求频率范围 100 kHz～1460 kHz。

AGND 和 DGND：分别接模拟地和数字地。

$\overline{\text{INTR}}$：转换结束后输出信号，低电平有效，当一次 A/D 转换完成后，$\overline{\text{INTR}}$＝0。实际应用时，该引脚应与微处理器的外部中断输入引脚相连，当产生$\overline{\text{INTR}}$信号有效时，还需等待$\overline{\text{RD}}$＝0才能正确读出 A/D 转换结果。若 ADC0804 单独使用时，则可以将$\overline{\text{INTR}}$引脚悬空。

DB0～DB7：输出 A/D 转换后的 8 位二进制结果。

2. 单片机与 ADC0804 接口电路及程序设计示例

设计要求 ADC0804 芯片对 VIN＋引脚输入的电压值进行采样，并对采样值进行模数转换，将转换后数字量显示在 4 段数码管上，其中，第一个数码管点亮其小数点，最后一个数码管一直显示 0，前三个数码管显示 3 位转换后数据。

1）实验电路

根据要求设计实验电路如图 4－13 所示，所选单片机为 STC89C52。例中需要用到数码管电路，本例中数码管采取另一种连接方式，在此希望同学在更换其他电路结构后，也可以编写相应的控制程序。

在图 4－13 中，VCC 接＋5 V，VREF/2 引脚未画出，即悬空(相当于与 VCC 共接 5 V 电源)，因此 ADC 转换的参考电压为 VCC 的 5 V。另 VIN－接地，而 VIN＋连接滑动变阻器 RV，因此 VIN＋的电压输入范围为 0 V～＋5 V。引脚$\overline{\text{CS}}$接地，$\overline{\text{WR}}$和$\overline{\text{RD}}$分别连接单片机的 P3.6 和 P3.7 引脚，而 DB0～DB7 连接单片机的 P1 口。P0 口接数码管的段选线，P2 口低四位接数码管的位选线。

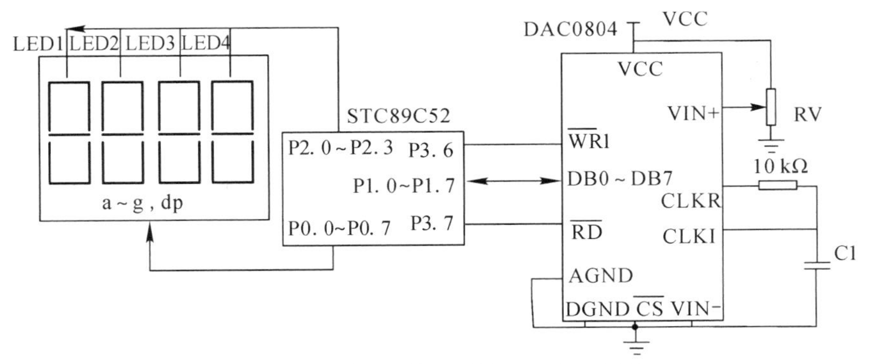

图 4－13　单片机与 ADC0804 接口电路

2）实验参考程序

根据以上电路设计C语言参考程序如下：

```
#include<reg51.h>
#include<intrins.h>
#define uint unsigned int
#define uchar unsigned char
sbitwwr=P3^6;
sbitrrd=P3^7;
uchar code dis[]={0xc0,0xf9,0xa4,0xb0,0x99,0x92,0x82,0xf8,0x80,0x90};//共阳显示代码
void delay(uint x)                //延时函数delay(1)延时大约为1 ms
{uchar i;
 while(x--)
 for(i=0;i<120;i++);
}
void display(uchar db)            //数码管显示函数，用于显示模数转换后得到的数字量
{   uchar bb, ss, gg;             //bb, ss, gg分别等于db百位，十位，个位上的数
    bb=db/100;
    ss=db%100/10;
    gg=db%10;
    P2=0x01;                      //点亮第一个数码管
    P0=dis[bb]&0x7f;              //最高位置0，点亮第一个数码管的小数点
    delay(5);
    P2=0x02;                      //点亮第二个数码管
    P0=dis[ss];
    delay(5);
    P2=0x04;                      //点亮第三个数码管
    P0=dis[gg];
    delay(5);
    P2=0x08;                      //点亮第四个数码管
    P0=dis[0];                    //第四个数码管一直显示0
    delay(5);
}
void main()
{   uchar i;
    while(1)
{   wwr=0;                        //在片选信号CS为低电平情况下
    _nop_();                      //WR由低电平到高电平时，即上升沿时，AD开始采样转换
    wwr=1;
    delay(1);                     //延时1 ms，等待采样转换结束
    P1=0xff;
    rrd=0;                        //将RD脚置低电平后，再延时大约135 ns左右
    _nop_();                      //即可从DB脚读出有效的采样结果，传送到P1口
```

```
        for(i=0;i<10;i++)            //刷新显示一段时间
        display(P1);                 //显示从DB得到的数字量
        }
}
```

4.4　蜂鸣器模块设计

4.4.1　蜂鸣器简介

1. 蜂鸣器分类

蜂鸣器是一种具有一体化结构的电子讯响器，采用直流电压供电，广泛应用于计算机、打印机、复印机、报警器、电子玩具、汽车电子设备、电话机、定时器等电子产品中。蜂鸣器一般分为有源蜂鸣器和无源蜂鸣器两种，这里的“源”不是指电源，而是指震荡源，也就是说，有源蜂鸣器内部带震荡源，所以只要一通电就会鸣叫；而无源内部不带震荡源，所以如果用直流信号无法令其鸣叫，必须用频率为2～5 kHz的方波去驱动。

有源蜂鸣器往往比无源的贵，因为内部需要震荡电路。但有源蜂鸣器的优点是程序控制方便。而无源蜂鸣器的优点是便宜、声音频率可控、可以和LED复用一个控制口。

万用表电阻挡R×1挡可以用于区别有源蜂鸣器与无源蜂鸣器，具体方法是用黑表笔接蜂鸣器“－”引脚，红表笔在另一引脚上来回碰触，如果触发出咔、咔声，且电阻只有8 Ω(或16 Ω)的是无源蜂鸣器；如果能发出持续声音，且电阻在几百欧以上，则为有源蜂鸣器。

2. 蜂鸣器的驱动方式

有源蜂鸣器是直流电压驱动，不需要利用交流信号驱动，因此，只需对驱动口输出电平并通过三极管放大驱动电流即可控制蜂鸣器发声。

无源蜂鸣器则需要用方波信号进行驱动，常见驱动方式有两种：一种是PWM输出口直接驱动；另一种是利用I/O定时翻转电平产生驱动波形对蜂鸣器驱动。具体介绍如下。

1）PWM输出口直接驱动

即利用PWM输出口输出一定的方波来直接驱动蜂鸣器。在单片机的软件设置中，有几个系统寄存器是用来设置PWM口输出，可以设置其占空比、周期，通过设置这些寄存器产生符合蜂鸣器要求的频率的波形之后，只要打开PWM输出，即可输出该频率的方波，利用这个波形就可以驱动蜂鸣器。比如频率为2000 Hz的蜂鸣器的驱动，需要周期为500 μs信号，这样只要把PWM的周期设置为500 μs，占空比电平设置为250 μs，就能产生一个频率为2000 Hz方波，通过这个方波及三极管即可驱动该蜂鸣器。

2）利用I/O定时翻转电平来产生驱动波形

利用定时器定时，通过定时翻转电平产生符合蜂鸣器要求频率的波形，从而用以驱动蜂鸣器。比如2500 Hz蜂鸣器的驱动，驱动信号周期为400 μs，只要驱动蜂鸣器的I/O口每200 μs翻转一次电平就可以产生一个频率为2500 Hz的方波，再通过三极管放大即可驱动蜂鸣器。

4.4.2　单片机与蜂鸣器接口电路及程序设计

单片机与蜂鸣器接口电路比较简单，但由于蜂鸣器的工作电流比较大，单片机的I/O

口一般无法直接驱动，因此常常利用放大电路来驱动，一般使用三极管来放大电流即可。设计电路、编写程序实现对蜂鸣器控制，使其进行简单发声以及音乐发声。

1. 实验电路

根据要求设计实验电路如图 4－14 所示，其中，所选单片机为 STC89C52，蜂鸣器为发声元件，选择为无源蜂鸣器，图中的三极管起开关作用。

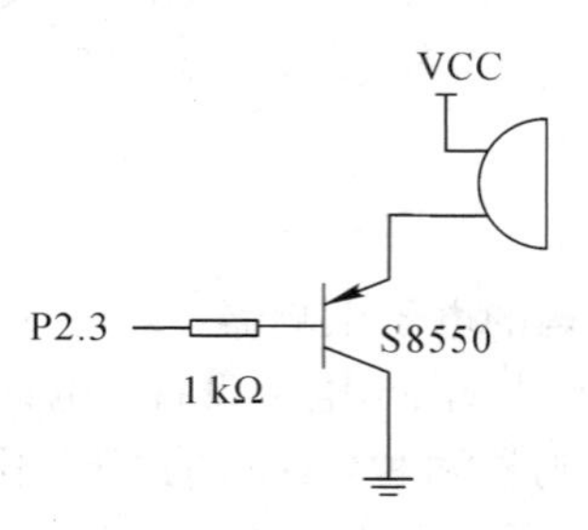

图 4－14　单片机与蜂鸣器接口电路

说明：在图 4－14 中，程序控制可以使其简单发声，也可以使其发出音乐声，下面给出两种类型的程序代码。

2. 实验参考程序

1）控制蜂鸣器间断像 BB 机一样发声

```
#include<reg52.h>
#define uchar unsigned char
#define uint unsigned int
sbitffm=P2^3;
void delay(uchar x)
{   uchar a, b;
    for(a=x;a>0;a--)
    for(b=100;b>0;b--);
}
void main()
{   while(1)
{   delay(1000);
    ffm=0;
    delay(1000);
    ffm=1;
    }
}
```

说明：在该程序中，蜂鸣器间断像 BB 机一样发声。其间隔时间在延时子程序里通过更改 x 值来实现，自行设置观察其效果。

2）控制蜂鸣器发出“让我们荡起双桨”音乐声

```
#include <reg52.h>
sbitffm=P2^3;
void delay(unsigned int i)
```

```
{   unsigned char j;
    while(i——)
{   for(j=0;j<115;j++);
    }
}
voidshuangjiang(unsigned char ppl, unsigned int jjp)
{   unsigned char pl;
    unsigned int jp;
        if(jjp==1) delay(250);         //1/2 拍暂停，即 1/2 拍的 0
        else if(jjp==2) delay(500);    //1 拍暂停，即 1 拍的 0
        else
{   for(jp=0;jp<jjp;jp++)
{   ffm=0;
    for(pl=0;pl<ppl;pl++);
    ffm=1;
    for(pl=0;pl<ppl;pl++);
    }
  }
}
void main()
{   unsigned char i, x;
    unsigned char code;
    ppl[]={131, 110, 98, 87, 73, 87, 110, 98, 131, 0, 110, 98, 87, 73, 73, 65, 98, 87, 87,
87, 73, 65, 73, 65, 55, 58, 65, 73, 65, 87, 110, 98, 87, 73, 110, 131, 110, 98, 87, 65, 73, 73,
0, 87, 65, 65, 73, 82, 87, 98, 87, 73, 131, 110, 98, 0, 110, 98, 87, 73, 65, 55, 58, 65, 73, 87,
65, 65};
    unsigned int code jjp[]={110, 131, 147, 494, 196, 165, 131, 294, 440, 1, 131, 147, 165,
588, 196, 440, 294, 660, 330, 165, 196, 880, 588, 220, 262, 124, 110, 196, 220, 330, 131, 147,
495, 196, 262, 220, 131, 147, 165, 220, 784, 392, 2, 660, 660, 220, 196, 175, 330, 588, 495,
196, 110, 131, 147, 2, 131, 147, 330, 392, 440, 524, 247, 220, 196, 165, 880, 880};
    i=68;//数组共有 68 个元素
    for(x=0;x<i;x++)
    {   shuangjiang(ppl[x], jjp[x]);
    }
}
```

说明：在该程序中，可以通过修改 ppl[]数组来进行其他音乐的播放，自行修改观察其不同效果。

4.5　温度测试模块设计

4.5.1　温度传感器 DS18B20 简介

DS18B20 温度传感器是美国 DALLAS 半导体公司推出的一种改进型智能温度传感器，

与传统的热敏电阻等测温元件相比，它能直接读出被测温度，并且可根据实际要求通过简单的编程实现 9～12 位的数字值读数方式。由于 DS18B20 将温度传感器、信号放大调理、A/D 转换、接口全部集成于一芯片，与单片机连接简单、方便，所以示例中的温度传感器采用 DS18B20。

1. DS18B20 的特点

DS18B20 是“一线器件”数字温度传感器，其主要特点如下：

(1) 采用单总线的接口方式，仅需要一条口线即可实现微处理器与 DS18B20 的双向通讯。单总线具有经济性好，抗干扰能力强，适合于恶劣环境的现场温度测量，使用方便等优点。

(2) 测量温度范围宽，测量精度高，DS18B20 的测量范围为－55 ℃～＋125 ℃；在－10 ℃～＋85 ℃范围内，精度为±0.5 ℃。

(3) 在使用中不需要任何外围元件。

(4) 持多点组网功能，多个 DS18B20 可以并联在唯一单线上，实现多点测温。

(5) 测量参数可配置 DS18B20 的测量分辨率，可通过程序设定 9～12 位。

(6) 负压特性电源极性接反时，温度计不会因发热而烧毁，但不能正常工作。

(7) 掉电保护功能：DS18B20 内部含有 EEPROM，在系统掉电以后，仍可保存分辨率及报警温度的设定值。

2. DS18B20 内部结构

DS18B20 采用 3 脚 PR－35 封装或 8 脚 SOIC 封装，其内部结构框图如图 4－15 所示。

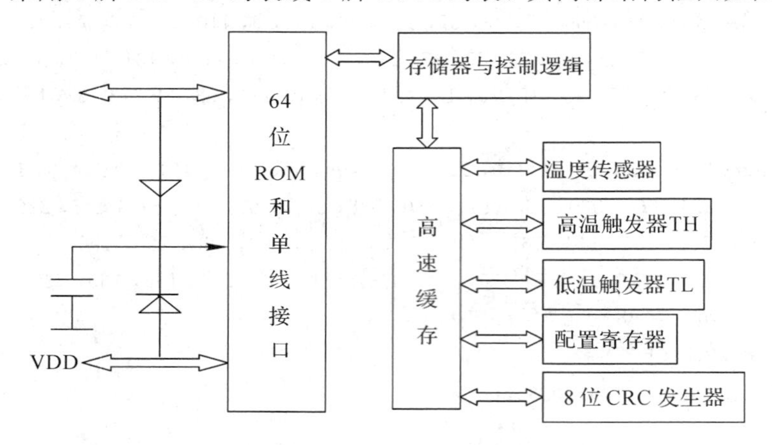

图 4－15　DS18B20 内部结构框图

DS18B20 内部结构主要由 4 部分组成：64 位 ROM、温度传感器、非挥发的温度报警触发器 TH 和 TL、配置寄存器。

ROM 中的 64 位序列号是出厂前被光刻好的，它可以看作是该 DS18B20 的地址序列码，每个 DS18B20 的 64 位序列号均不相同，这样就可以实现一根总线上挂接多个 DS18B20。64 位 ROM 的结构前 8 位是产品类型的编号，接着是每个器件的唯一的序号，共有 48 位，最后 8 位是前面 56 位的 CRC 检验码，这也是多个 DS18B20 可以采用一线进行通信的原因。

温度报警触发器TH和TL，可通过软件写入户报警上下限，DS18B20中的温度传感器可完成对温度的测量。

DS18B20温度传感器的内部存储器还包括一个高速暂存RAM和一个非易失性的可电擦除的EERAM。高速暂存RAM的结构为9字节的存储器，结构如图4－16所示。前2个字节包含测得的温度信息；第3和第4字节为TH和TL拷贝，是易失的，每次上电复位时被刷新；第5个字节，为配置寄存器，其内容用于确定温度值的数字转换分辨率；高速暂存RAM的第6、7、8字节保留未用，表现为全逻辑1；第9字节读出前面所有8字节的CRC码，可用来检验数据，从而保证通信数据的正确性。

温度LSB	温度MSB	TH用户字节1	TL用户字节2	配置寄存器	保留	保留	保留	CRC

图4－16　高速暂存RAM的结构

配置寄存器各位的定义如图4－17所示。低5位一直为1，TM是工作模式位，用于设置DS18B20在工作模式或测试模式，DS18B20出厂时该位被设置为0，用户可以改动，R1和R0决定温度转换精度位数，用来设置分辨率，具体设置的分辨率及转换时间如表4－4所示。

TM	R1	R0	1	1	1	1	1

图4－17　DS18B20配置寄存器定义

表4－4　DS18B20温度转换时间表

R1	R0	分辨率/位	最大转换时间/ms
0	0	9	93.75
0	1	10	187.5
1	0	11	375
1	1	12	750

由表4－4可见，DS18B20温度转换的时间比较长，而且分辨率越高，所需要的温度数据转换时间越长。因此，在实际应用中要将分辨率和转换时间权衡考虑。

当DS18B20接收到温度转换命令后，开始启动转换。转换完成后的温度值就以16位带符号扩展的二进制补码形式存储在高速暂存存储器的第1、2字节。单片机可以通过单线接口读出该数据，读数据时低位在先，高位在后，数据格式以0.0625℃/LSB形式表示。具体格式如图4－18所示。

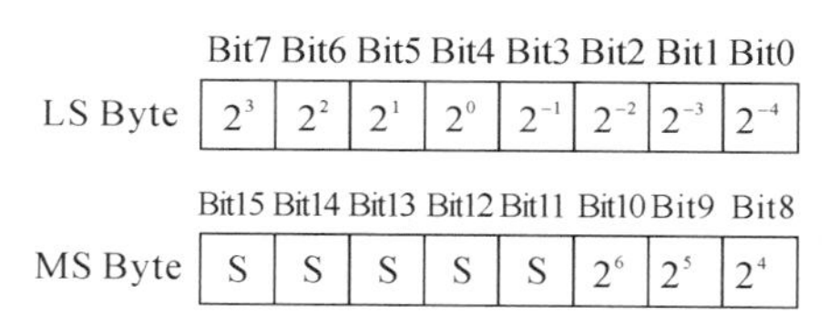

图4－18　DS18B20温度格式

其中，S为符号位，其余为数值位。当符号位S=0时，则表示测得的温度值为正值，可以直接将二进制位转换为十进制；当符号位S=1时，表示测得的温度值为负值，要先将补码变成原码，再计算十进制数值。表4-5是一部分温度值对应的二进制温度数据。

表4-5　DS18B20常见温度对应值表

温度/℃	二进制表示	十六进制表示
+125	0000 0111　　1101 0000	07D0H
+85	0000 0101　　0101 0000	0550H
+25.0625	0000 0001　　1001 0000	0191H
+10.125	0000 0000　　1010 0001	00A2H
+0.5	0000 0000　　0000 0010	0008H
0	0000 0000　　0000 1000	0000H
−0.5	1111 1111　　1111 0000	FFF8H
−10.125	1111 1111　　0101 1110	FF5EH
−25.0625	1111 1110　　0110 1111	FE6FH
−55	1111 1100　　1001 0000	FC90H

DS18B20完成温度转换后，就把测得的温度值与RAM中的TH、TL字节内容作比较。当T>TH或T<TL时，该器件内的报警标志位置位，并对主机发出的报警搜索命令作出响应。因此，可用多只DS18B20同时测量温度并进行报警搜索。

在64位ROM的最高有效字节中存储有循环冗余检验码(CRC)。主机ROM的前56位来计算CRC值，并和存入DS18B20的CRC值作比较，以判断主机收到的ROM数据是否正确。

另外，由于DS18B20单线通信功能是分时完成的，它有严格的时隙概念，因此读写时序很重要。系统对DS18B20的各种操作按协议进行。操作协议为：初始化DS18B20(发复位脉冲)→发ROM功能命令→发存储器操作命令→处理数据。

3. DS18B20引脚图

DS18B20封装有两种，一种是TO-92封装，另一种是8-Pin SOIC封装，具体见图4-19，其引脚功能描述见表4-6。

表4-6　DS18B20详细引脚功能描述

序号	名称	引脚功能描述
1	GND	地信号
2	DQ	数据输入/输出引脚。漏极开路单总线接口引脚。当工作于寄生电源时，可以向器件提供电源
3	VDD	可选择的VDD引脚。当工作于寄生电源时，此引脚必须接地

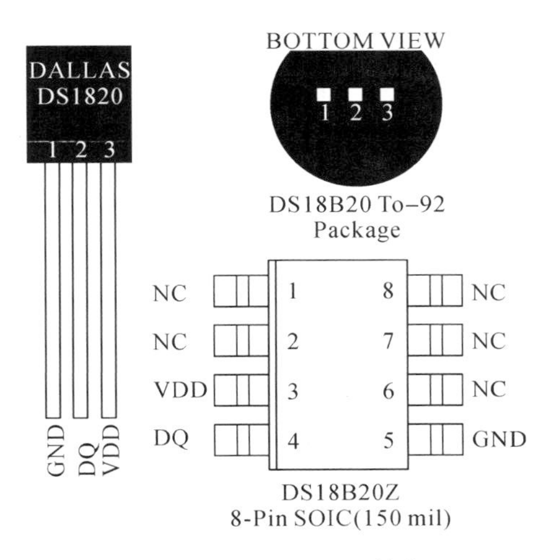

图 4-19　DS18B20 封装

4.5.2　单片机与温度传感器 DS18B20 接口电路及程序设计

通过设计实验来验证 DS18B20 的测温过程，设计要求使用 DS18B20 实现对当前温度的测量，并利用液晶显示屏对温度进行显示，当温度超过 35 度时，利用发光二极管进行报警。

1. 实验电路

根据要求设计实验电路如图 4-20 所示，其中，所选单片机为 STC89C52，为了模块化设计，图中所用到的液晶电路以及发光二极管报警电路依旧采用前面章节所设计电路，具体见“单片机与 LCD1602 显示接口电路”及“单片机与发光二极管 LED 显示接口电路”，简化如图 4-20 所示。

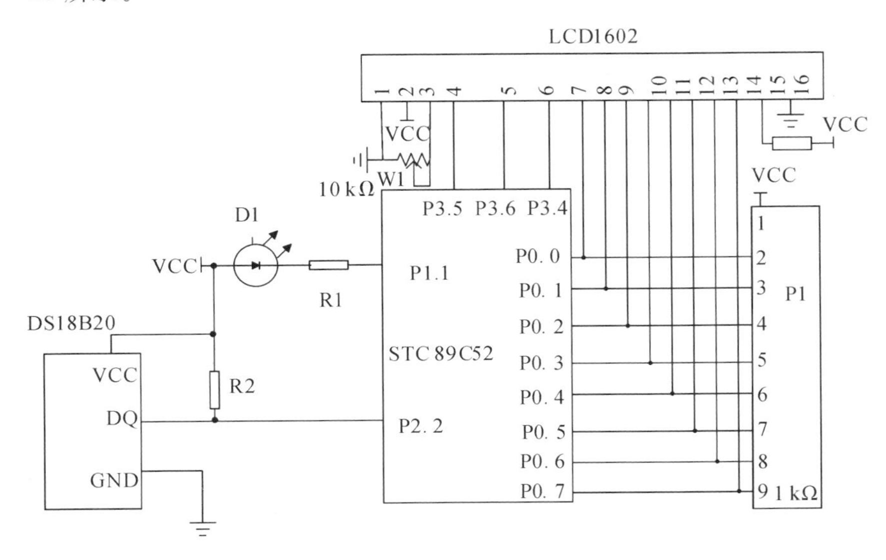

图 4-20　单片机与温度传感器 DS18B20 接口电路

2. 实验参考程序

根据以上电路设计C语言参考程序如下：

```
#include<reg52.h>
#include "intrins.h"
#define uchar unsigned char
#define uint unsigned int
//1602 IO口定义
sbit rs=P3^5;
sbit rw=P3^6;
sbit en=P3^4;
//ds18b20接口定义
sbit DS=P2^2;                    //DS18B20数据线接口
//led IO口定义
sbit led=P1^1;                   //实现报警功能
uint temp;                       //温度变量
bit timeover=0;                  //定时标志
uchar times=0;                   //定时次数计数
void delay10us()                 //精确延时10 μs
{
    _nop_(); _nop_();_nop_();_nop_();_nop_();_nop_();
}
void delaynms(uint x) //延时n毫秒
{uint a, b;
  for(a=x;a>0;a--)
  for(b=125;b>0;b--);
}
//1602驱动程序
void Lcd1602write_com(uchar com)
{P0=com;
    rs=0;
    rw = 0;
    en=0;
    delay10us();
    en=1;
    delay10us();
    en=0;

}
void Lcd1602write_date(uchar date)
{  P0=date;
    rs=1;
    rw = 0;
```

```
en=0;
delay10us();
en=1;
delay10us();
en=0;

}
//三个参数分别为行号、字符个数、字符串
void Lcd1602write_string(uchar line, uchar clu, uchar num, char str[])
{   uchar a;
    if(line==0)
     Lcd1602write_com(0x80+clu);
     else
     Lcd1602write_com(0xc0+clu);
     delaynms(1);
     for(a=0;a<num;a++)
{   Lcd1602write_date(str[a]);
    delaynms(1);
      }
}
void Lcd1602init()
{   rw=0;
    Lcd1602write_com(0x38);          //功能设置，8位数据口，2行，5×7点阵
    delaynms(1);                     //期间要求指令间隔时间大于40 μs
    Lcd1602write_com(0x0c);          //设置显示开、光标关、闪烁关
    delaynms(1);
    Lcd1602write_com(0x06);          //设置读写操作后地址自动+1，画面不动
    delaynms(1);
    Lcd1602write_com(0x01);          //清屏
    delaynms(1);
}
//定时器0中断服务程序，定时50 ms，50 ms后，输出一个脉冲
void T0IntSev() interrupt 1
{   TL0=(65536-50000)%256;           //12 MHz晶振，重写定时50 ms的初值
    TH0=(65536-50000)/256;           //
    times++;
    if( times%10==0)                 //报警闪烁
    led=1;
    if( times==20)                   //定时1秒
{   times=0;
    timeover=1;
    }
}
```

```
void dsreset(void)                       // DS18B20复位，初始化函数
{   uint i;
    DS=0;
    i=103;
    while(i>0)i--;
    DS=1;
    i=4;
    while(i>0)i--;
}
bit tmpreadbit(void)                     //读1位数据函数
{   uint i;
    bit dat;
    DS=0;i++;                            //用于延时
    DS=1;i++;i++;
    dat=DS;
    i=8;while(i>0)i--;
    return (dat);
}
uchar tmpread(void)                      //读1字节函数
{   uchar i, j, dat;
    dat=0;
    for(i=1;i<=8;i++)
  {   j=tmpreadbit();
      dat=(j<<7)|(dat>>1);               //读出的数据最低位在前，一个字节在DAT
  }
  return(dat);
}
void tmpwritebyte(uchar dat)             //向DS18B20写一个字节数据函数
{   uint i;
    uchar j;
    bit testb;
    for(j=1;j<=8;j++)
{   testb=dat&0x01;
    dat=dat>>1;
    if(testb)                            //write 1
     {   DS=0;
         i++;i++;
         DS=1;
         i=8;while(i>0)i--;
     }
     else
     {   DS=0;                           //写0
         i=8;while(i>0)i--;
```

```
        DS=1;
      i++;i++;
    }
  }
}
void tmpchange(void)              //开始获取数据并转换
{   dsreset();
     delaynms(1);
     tmpwritebyte(0xcc);          //写跳过读 ROM 指令
     tmpwritebyte(0x44);          //写温度转换指令
}
uint tmp()                        //读取寄存器中存储的温度数据
{   float tt;
    uchar a, b;
    dsreset();
    delaynms(1);
    tmpwritebyte(0xcc);
    tmpwritebyte(0xbe);
    a=tmpread();                  //读低 8 位
    b=tmpread();                  //读高 8 位
    temp=b;
    temp<<=8;                     //两个字节组合为 1 个字
    temp=temp|a;
    tt=temp*0.0625;               //温度在寄存器中是 12 位，分辨率是 0.0625
    temp=tt*10+0.5;               //乘 10 表示小数点后只取 1 位，加 0.5 是四折五入
    return temp;
}
void main()
{   uchar i, j, t;
    char str[16];
    int wendu=0;
    P0=0XFF;
    P1=0XFF;
    P2=0XFF;
    P3=0XFF;
    Lcd1602init();
    TMOD=0X61;                    //定时器 0，定时模式 1；定时器 1，计数方式 2
    TL0=(65536-50000)%256;        //12MHz 晶振，定时 50ms 的初值
    TH0=(65536-50000)/256;        //
    EA=1;                         //开中断
    ET0=1;
    TR0=1;
    while(1)
```

```
{   tmpchange();
    wendu=tmp();
    j=0;
    if(wendu/10.0>=35)
        led=0;                          //高温报警
    else
        led=1;
    i=wendu%10;//取小数位
    str[j++]=i+0x30;
    str[j++]='.';//存小数点
    wendu/=10;
    while(wendu!=0)
     {   i=wendu%10;
         str[j++]=i+0x30;
         wendu/=10;
     }
     str[j]=0;
     i=0;
     while(i<=(j-1)/2)//字符串存储镜像
     {   t=str[i];
         str[i]=str[j-1-i];
         str[j-1-i]=t;
         i++;
     }
          //显示
     Lcd1602write_string(0, 0, 16, "   Temperature    ");
     Lcd1602write_string(1, 6, 4, str);     //显示温度
     timeover=0;
     while(!timeover);
       }
     }
```

思　考　题

1. 编写一段程序，用 P1 口作为控制端口，使 8 个 LED 轮流点亮，点亮时间自定义，设 LED 为共阴极连接。

2. 已知单片机的 P3 口接有发光二极管，且当 P3 口为低电平时对应的发光二极管被点亮，编写程序使发光二极管从右向左依次轮流点亮。

3. 简述 7 段 LED 显示的工作原理。

4. 7 段 LED 显示译码方式一般分为哪些方式？具有什么特点？有哪些显示方法及特点？

5. 1602LCD 有哪些重要指令？各具有什么特点？

6. 如何消除键盘的抖动？

7. 简述行列式扫描键盘的工作原理。

8. 利用单片机的 P3 口接 8 个发光二极管，P1 口接 8 个开关，编程实现，当开关动作时，对应的二极管亮灭。

9. 由 80C51 构成的单片机应用系统中，要求使用两片 DAC0832 进行两路模拟量同步输出，请画出 80C51 与两片 DAC0832 的逻辑连接图。

10. 简述模数转换 ADC0804 的基本参数及引脚功能。

11. 简述蜂鸣器的分类。

12. 简述蜂鸣器不同驱动方式的特点。

13. 简述 DS18B20 的特点。

第五章　系统开发与实战训练之基础训练

本章为系统开发基础训练，提出一些相当于课程设计难度的简单任务，分别为交通灯控制器的设计、抢答器的设计、密码锁的设计、计算器的设计，并给出各个设计的硬件以及软件的完整设计方案。在本章每一部分的介绍中，首先简述了该设计的基本特点、发展趋势、常见的设计方案，然后介绍了该课题的具体硬件设计框图以及硬件电路、软件程序、功能使用说明，从而保证每个课题的设计方案都切实可行。同学们可以在做实物之前先对其进行 Proteus 仿真，通过仿真结果来进一步理解课题的实现过程，并深刻理解程序的实现方法，为继续扩展各个课题的功能做好准备。通过这些任务的实现，促进学生理论与实践更好地结合，进一步提高学生综合运用所学知识的能力和设计能力，并为接下来相当于毕业设计的任务完成打下一定基础。

5.1　交通灯控制器的设计

1. 交通灯控制器的设计方案

伴随着我国经济的高速发展，私家车、公交车的增加给我国的道路交通系统带来沉重的压力，很多大城市都不同程度地受到交通堵塞问题的困扰，而交通信号灯则是日常生活中最常见的自动交通指挥系统，这正是本课题的设计内容。

在设计之初需要进行下列准备：

(1) 分析目前交通路口的基本控制技术以及各种通行方案，并提出交通控制初步方案。

(2) 确定系统交通控制的总体设计，包括十字路口具体的通行方案设计以及系统应拥有的各项功能。

(3) 进行显示灯状态电路的设计和对各器件的选择及连接。

(4) 进行软件系统的设计。

通过调研可知：东西、南北两干道交于一个十字路口，各干道有一组红、黄、绿三色指示灯，用以指挥车辆和行人安全通行。其中，红灯亮则禁止通行，绿灯亮则允许通行，黄灯亮则提示人们注意红、绿灯的状态切换。一般的交通灯设计的基本要求如下：

(1) 初始东西绿灯亮，南北红灯亮，东西方向通车。

(2) 延时一段时间，东西路口绿灯熄灭，黄灯闪烁。

(3) 黄灯闪烁后，东西路口红灯亮，同时南北路口绿灯亮，南北方向开始通车。

以上只是基本功能，具体任务可以根据实际情况进行扩展和修改，本设计的具体功能见后续介绍。

2. 交通灯的硬件设计

本交通灯是简易式设计，意在通过该设计方式对交通灯的实现进行完整说明，同学们在学习之后，可以很方便地在此基础上进行其他功能的扩展，整个系统能够完成以下功能：

（1）系统设置双向单排灯：每个方向只有单圆灯控制交通，无转向控制灯，无时间显示。

（2）系统有三个工作模式：由工作模式按键 S0 控制，分别是正常工作模式、事故模式（双向红灯）、双黄闪模式（双向黄灯闪烁）。

（3）系统可以进行各个方向的通行时间设置，通过按键 S1、S2、S3、S4 对正常模式的两个方向的通车时间进行增减设置，其中，通行的最大时间为 99 秒，最小时间为 20 秒。

根据以上要求，设计交通灯的硬件设计框图，如图 5－1 所示。

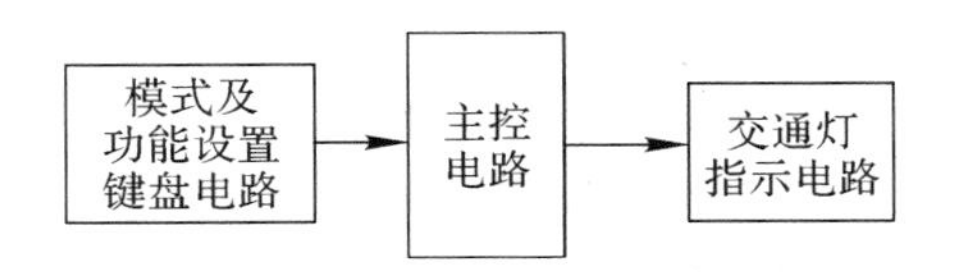

图 5－1　交通灯硬件设计框图

系统依旧采用单片机 STC89C52 作为中心器件来完成控制任务。同时，设置 12 个交通指示灯，其中，D1、D2 为东西方向绿灯，D3、D4 为东西方向黄灯，D5、D6 为东西方向红灯，D7、D8 为南北方向绿灯，D9、D10 为南北方向黄灯，D11、D12 为南北方向红灯。另外，设置 5 个按键，其中，S0 为模式选择按键，S1、S2 分别为南北通行时间设置加、减按键，S3、S4 分别为东西通行时间设置加、减按键。具体硬件电路如图 5－2 所示。

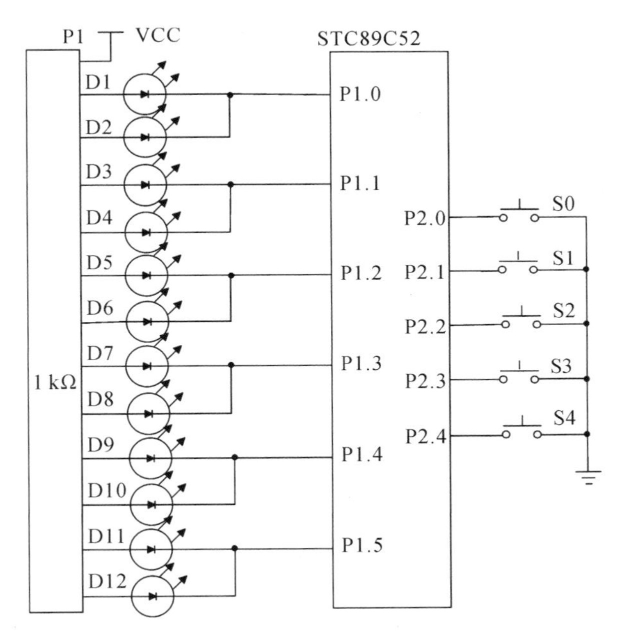

图 5－2　交通灯硬件电路设计

3. 交通灯的软件设计

根据以上电路设计 C 语言参考程序如下：

```
#define uchar unsigned char
#include<reg51.h>
void  Initial(void);
```

```
/*****************************
变量、控制位定义
*****************************/
uchar   EW=30，SN=30;//初始化交通灯时间
uchar   count;//计时中断次数
uchar i，j;//循环控制变量
sbit Mode_Button=P2^0;//工作模式控制位
sbit SN_Add=P2^1;//南北通行时间加按钮
sbit SN_Sub=P2^2;//南北通行时间减按钮
sbit     EW_Add=P2^3;//东西通行时间加按钮
sbit     EW_Sub=P2^4;//东西通行时间减按钮
sbit EW_green=P1^0; //东西绿灯
sbit EW_yellow=P1^1;// 东西黄灯
sbit EW_red=P1^2;    // 东西红灯
sbit     SN_green=P1^3; // 南北绿灯
sbit     SN_yellow=P1^4;// 南北黄灯
sbit     SN_red=P1^5;    // 南北红灯
char Time_EW;//东西方向计时
char Time_SN;//南北方向计时
/*****************************
延时 n ms 子程序
*****************************/
void Delaynms(unsigned char i)
{   unsigned char j, k;
    for(;i>0;i--)
    for(j=2;j>0;j--)
    for(k=248;k>0;k--);
}
/**************************INT0
按键处理程序
**************************/
void ButtonPro(void)
{if(Mode_Button==0)
{ if (EA==1&&(Time_EW>0||Time_SN>0))//意外模式全显示红灯
{ EA=0;
  TR0=0;
  EW_green=1;//
  EW_yellow=1;//SN
  EW_red=0;//SN
  SN_green=1;//
  SN_yellow=1;//
  SN_red=0;//
```

```
  }
  else if(EA==1)            //恢复正常模式
  {Initial();
  }
  else                      //双黄闪模式
  {TH0=0x3C;                //定时器初始化
   TL0=0xB0;
   EA=1;                    //CPU 开中断
   ET0=1;                   //开定时中断
   TR0=1;                   //启动定时
   Time_EW=-1;              //
   Time_SN=-1;              //
   EW_green=1;              //
   EW_yellow=0;             //SN
   EW_red=1;                //SN
   SN_green=1;              //
   SN_yellow=0;             //
   SN_red=1;                //
   P2=0X0FF;
   }
}
/*四个时间控制按钮分别控制 SN、EW 方向初始通行时间加减，最大不超过 99 s，最小不
   低于 20 s*/
if(SN_Add==0)               //SN+1
{SN+=1;
 if(SN>99)
 SN=99;
}
if(SN_Sub==0)               //SN-1
{SN-=1;
 if
 (SN<20)
 SN=20;
}
if (EW_Add==0)
//EW+1
{EW+=1;
 if(EW>99)
 EW=99;
}
if(EW_Sub==0)               //EW-1
{ EW-=1;
```

```
    if(EW<20)
    EW=20;
    }
  }
  /***************************
  亮灯控制
  ***************************/
  void  Process()
  {if(Time_EW==-1&&Time_SN==-1)
   {  //双黄闪
       EW_green=1;
       EW_yellow=0;
       EW_red=1;
       SN_green=1;
       SN_yellow=0;
       SN_red=1;
   }
   else
     if(Time_EW>=3&&Time_SN==-1)
   {//东西通
   EW_green=0;
   EW_yellow=1;
   EW_red=1;
   SN_green=1;
   SN_yellow=1;
   SN_red=0;
   }
   else
   if(Time_EW<3&&Time_SN==-1)
   { //东西黄闪
     EW_green=1;
     EW_yellow=0;
     EW_red=1;
     SN_green=1;
     SN_yellow=1;
     SN_red=0;
     if(Time_EW==0)
   { Time_SN=SN;//初始化南北方向通行时间
     Time_EW=-1;
   }
}
else
```

```
if(Time_EW==-1&&Time_SN>=3)
{//南北通
 EW_green=1;
 EW_yellow=1;
 EW_red=0;
 SN_green=0;
 SN_yellow=1;
 SN_red=1;
}
else
if(Time_EW==-1&&Time_SN<3)
{//南北黄闪
 EW_green=1;
 EW_yellow=1;
 EW_red=0;
 SN_green=1;
 SN_yellow=0;
 SN_red=1;
 if(Time_SN==0)
   {Time_EW=EW;//初始化东西方向通行时间
    Time_SN=-1;
    }
}
}
/***************************TO
计时中断服务程序
***************************/
void timer0(void) interrupt 1 using 1//T0 中断
{TH0=0x3C;
 TL0=0xB0;//定时计数初值
 count++;//中断溢出一次 count+1
 if(count==10)
  {EW_yellow=1;//SN  黄灯 1 秒闪烁一次
   SN_yellow=1;
}
if(count==20)
  {if(Time_EW>0)
   Time_EW--;
   else
   if(Time_SN>0)
   Time_SN--;
   count=0; //中断次计数 s，count 回，倒计时时间-1
   //亮灯控制
```

```
    Process();
    }
}
/*****************************
初始化程序
*****************************/
void  Initial(void)
{TMOD=0x01;//定时器工作方式
 TH0=0x3C;//定时器初始化
 TL0=0xB0;
 IT0=1;//中断触发方式为下降沿触发
 EA=1;//CPU 开中断
 ET0=1;//开定时中断
 TR0=1;//启动定时
 Time_EW=-1;//初始化东西方向禁行
 Time_SN=SN;//初始化南北方向通行时间
 EW_green=1;
 EW_yellow=1;
 EW_red=0;
 SN_green=0;
 SN_yellow=1;
 SN_red=1;
 P2=0X0FF;//按键状态输入引脚读引脚使能
}
/****************************
主程序
****************************/
main()
{uchar t;
 Initial();
 while(1)
   {P2=0X0FF;
    if(P2!=0xff)
   {t=P2;
    Delaynms(10);
    if(t==P2)
   {ButtonPro();
    while(P2!=0xff);
    Delaynms(10);
      }
   }
}
}
```

5.2　抢答器的设计

1. 抢答器的设计方案

抢答器是一种应用非常广泛的设备，在各种竞赛、抢答场合中，它能迅速、客观地分辨出最先获得发言权的选手，最初用于智力竞赛参赛者抢答的优先判决器电路，且大部分由数字电路组成，其制作过程复杂、准确性与可靠性不高、成品面积大、安装、维护困难。现在，大多数抢答器均使用单片机或数字集成电路来完成，并增加了许多新功能，如选手号码显示、抢按前或抢按后计时、选手得分显示等。随着科学技术的发展，抢答器也会趋向于智能化，而利用单片机来控制其实现具体功能，则可以保证其真正朝着有利于智能化方向发展。

一般情况下，对抢答器的需求如下：

(1) 在抢答中，只有开始后抢答才有效，如果在开始抢答前抢答为无效。

(2) 抢答限定时间和回答问题时间可在设定时间内进行。

(3) 可以显示哪位选手有效抢答和无效抢答。

2. 抢答器的硬件设计

本抢答器是简易式设计，意在通过该设计方式对抢答器的实现进行完整说明，同学们在学习之后，可以很方便地在此基础上进行其他功能的扩展，整个系统可以完成以下功能。

(1) 同时供 8 名选手比赛，分别用 8 个按钮 S1～S8 表示。

(2) 设置一个系统取消清除(CANCEL)和抢答开始控制开关(START)，该开关由主持人控制。

(3) 系统设置一位数码管，用以显示当前抢答状态，如抢答成功或违规位号。

(4) 系统为每个抢答位设置一个抢答按钮和抢答状态指示灯。

(5) 抢答器具有锁存与显示功能。即选手按动按钮，即锁存相应的编号，同时，相应指示灯点亮，并在七段数码管上显示选手号码。选手抢答实行优先锁存，且优先抢答选手的编号一直保持到主持人清除系统。

(6) 抢答器具有定时抢答功能，且一次抢答的时间由主持人设定(该程序设定为 3 秒)。当主持人启动“开始”(START)键后，定时器进行减计时。参赛选手需要在该设定时间内进行抢答，否则抢答无效，并保持到主持人清除系统。

具体系统工作流程如下：

(1) 系统上电，初始化成待机状态，数码管显示“—”，每个抢答位的状态显示灯全部熄灭。

(2) 管理员按下“开始”(START)按钮后数码管显示“0”，同时每个抢答位的指示灯都亮，提示准备抢答，此时抢答人不能按抢答按钮，否则违规，如有违规产生，数码管闪烁显示违规位号，同时相应抢答位指示灯闪烁，管理员按“取消”(CANCEL)键恢复到待机状态。

(3) 如三秒内全部指示灯熄灭之前，无违规行为，则进入抢答状态，此后任何一个抢答位有按抢答键，系统会使用数码管显示抢答位号，同时相应抢答位指示灯常亮。

(4) 如果在抢答位按抢答键之前，管理员按了“取消”(CANCEL)键，则恢复到待机状态，另外，抢答位有人按抢答键后，只有按取消键系统才能恢复到待机状态，且只有在待机状态下，管理员才可以按开始键，开始新一轮抢答。

根据以上要求，设计抢答器的硬件设计框图如图 5－3 所示。

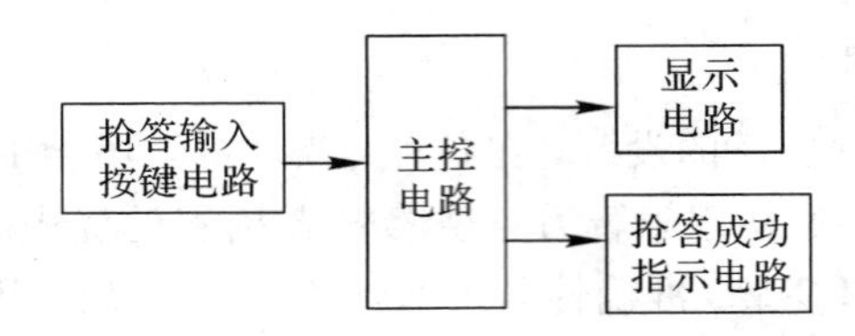

图 5－3　抢答器硬件设计框图

在图 5－3 中，按键电路用以实现选手抢答以及主持人控制，显示电路用以实现对抢答成功以及违规选手号的显示，指示电路用以显示抢答成功的选手。整个系统依旧采用单片机 STC89C52 作为中心器件来完成控制任务。同时，设置 8 个抢答成功指示灯 VD1～VD8，8 个选手抢答按键 S1～S8 以及主持人控制取消(CANCEL)和抢答开始(START)按键，并设置了 LED 数码管用于显示成功抢答选手号以及违规选手号等。具体硬件电路如图 5－4 所示。

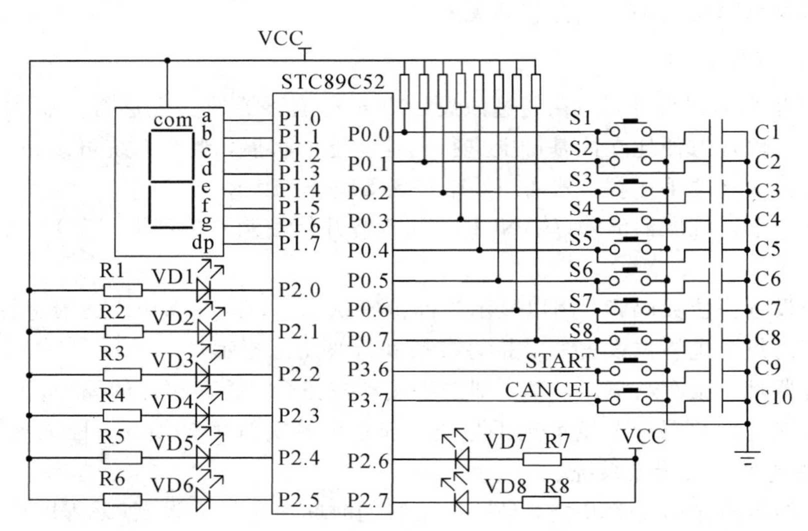

图 5－4　抢答器硬件电路设计

3. 抢答器的软件设计

根据以上电路设计 C 语言参考程序如下：

```
#include <at89x51.h>
#define uchar unsigned char
#define uint unsigned int
/******************************
延时 n ms 子程序
******************************/
void Delaynms(unsigned int i)
{unsigned char j, k;
 for(;i>0;i--)
```

```
for(j=2;j>0;j--)
for(k=248;k>0;k--);
}
void main(void)
{ int i=0;
  P1=0x0;
  P2=0x0;
  Delaynms(1000);
  P1=0x0ff;
  P2=0x0ff;
  P0=0xFF;
  P3=0xFF;
  while(1)
{P1=0xbf;
 P2=0XFF;
 //-
    if(P3_7)continue;
else
{   while(!P3_7);
    P2=0X00;//LED 全亮
    P1=255-0x3f;//0
    for(i=0;i<300;i++)//抢答开始的准备时间 3 秒
  {   Delaynms(10);
      if(P0!=0xff)
      {char t=0;
      t=P0;
      while(P3_6)//闪烁显示
  {int j=0;
    switch(t)//共阳极数码管，显示抢按台号，对应指示灯亮
  {case 0xfe:P1=255-0x06;P2=255-0X01;break; //1
    case 0xfd:P1=255-0x5B;P2=255-0X02;break; //2
    case 0xfb:P1=255-0x4F;P2=255-0X04;break; //3
    case 0xf7:P1=255-0x66;P2=255-0X08;break; //4
    case 0xef:P1=255-0x6D;P2=255-0X10;break; //5
    case 0xdf:P1=255-0x7D;P2=255-0X20;break; //6
    case 0xbf:P1=255-0x07;P2=255-0X40;break; //7
    case 0x7f:P1=255-0x7F;P2=255-0X80;break; //8
    default: P1=0xF9;P2=255-0XFF;            //E
  }
  for(j=0;j<50;j++)
  {Delaynms(10);
    if(!P3_6)
          {break; }
```

```
        }
        P1=255;P2=255;                               //关显示，实现闪烁
        for(j=0;j<50;j++)
        {Delaynms(10);
         if(!P3_6)
              {break;}
        }
        }
        break;
              }
    }
      P1=255;P2=255;                                 //关显示，开始抢答
      if(i>=300)                                     //无违规提前抢按的
      {while(P0==0xff)
      {   if(!P3_6)break;   }                        //循环判断，等待按键，同时显示0
                                                     //读取数据
          switch(P0)//共阳极数码管
          {case 0xfe:P1=255-0x06;P2=255-0X01;break; //1
           case 0xfd:P1=255-0x5B;P2=255-0X02;break; //2
           case 0xfb:P1=255-0x4F;P2=255-0X04;break; //3
           case 0xf7:P1=255-0x66;P2=255-0X08;break; //4
           case 0xef:P1=255-0x6D;P2=255-0X10;break; //5
           case 0xdf:P1=255-0x7D;P2=255-0X20;break; //6
           case 0xbf:P1=255-0x07;P2=255-0X40;break; //7
           case 0x7f:P1=255-0x7F;P2=255-0X80;break; //8
           default: P1=0xF9;P2=255-0XFF;   //E
        }
             while(P3_6)
          {if(!P3_6)
      {break;
       }
      }
    }
    }
    }
    }
```

5.3 电子密码锁的设计

1. 电子密码锁的设计方案

在日常生活工作中，住宅与部门的安全防范，单位的文件档案、财务报表以及个人资料的保存多以加锁的办法来解决，若使用传统的机械式钥匙开锁，人们常需携带多把钥匙，使用极不方便，且钥匙丢失后安全性即大打折扣。随着科学技术的不断发展，人们对日常

生活中的安全保险器件的要求越来越高，为满足人们对锁的使用要求，用密码代替钥匙的密码锁应运而生。密码锁具有安全性高、成本低、功耗低、易操作、记住密码即可开锁等优点。

电子密码锁是一种通过输入密码来控制机械开关的电子产品。在现实生活中，很多场合都用到电子密码锁，比如说门禁系统、银行账户管理、保险箱等。它的种类很多，有简易的电路产品，也有基于芯片的性价比较高的产品。本设计是以单片机为核心的电子密码锁，通过编程来实现密码的修改及存储。其性能和安全性已大大超过了机械锁，主要特点如下。

(1) 保密性好，编码量多，远远大于弹子锁，随机开锁成功率几乎为零。

(2) 密码可变。用户可以经常更改密码，防止密码被盗，同时也可以避免因人员更替而使锁的密级下降。

(3) 误码输入保护。当输入密码多次错误时，报警系统自动启动。

密码锁的基本功能如下：

(1) 为防止密码被窃取，在输入密码时，屏幕上显示 * 号。

(2) 开锁密码一般为六位密码的电子密码锁。

(3) 能够在 LCD 屏幕上显示各种信息，例如密码正确时显示 PASSWORD OK，密码错误时显示 PASSWORD ERROR，输入密码时显示 INPUT PASSWORD 等。

(4) 密码可以由用户修改设定，修改密码之前必须再次输入旧密码，在输入新密码时需要二次确认，以防止误操作。

以上只是基本功能，具体任务可以根据实际情况进行扩展和修改，本设计的具体功能后续介绍。

2. 密码锁的硬件设计

本密码锁是简易式设计，意在通过该设计方式对密码锁的实现进行完整说明，同学们在学习之后，可以很方便地在此基础上进行其他功能的扩展，整个系统可以完成以下功能。

(1) 在输入密码及修改密码时，LCD 屏幕上显示 * 号，防止密码被窃取。

(2) 系统开机默认输入密码，此时 LCD 显示 Input password，操作者利用键盘输入密码后，需要按 OK 键确认，若正确，则 LCD 显示 correct，若错误，则 LCD 显示 Wrong password。

(3) 当设置密码时，点击 SET 键后，LCD 屏幕显示 OLD password In！操作者通过键盘输入原始密码后，按 OK 键，LCD 屏幕则显示 New password In！ correct。这时，输入新密码并按 OK 键后，LCD 屏幕则显示 Second Input！此时，再次输入新密码按 OK 键后，LCD 屏幕则显示 Input password！ correct，至此，新密码设置完成。

(4) 密码最长可以是 16 位，初始密码为 123456。

(5) 只有在系统正常工作在门禁模式且没有输入密码的情况下才可以进行系统设置。

(6) 整个系统设有 13 个按键，分别为 0～9 数字键、确认(OK)、取消(CANCEL)键、设置(SET)键。

(7) 在没有按 SET 键时，系统处于正常门禁状态，输入密码后按确认键，系统比较密码，密码正确即打开门锁(用 LED 模拟)，否则提示错误。

(8) 若先按 SET 键，则进入密码修改模式，此时要求输入当前密码，若密码正确，要求顺序输入 2 次新密码，如果 2 次输入相同，则密码保存到 EEPROM。

(9) 每次密码输入错误时，系统要求重新输入，在此过程中可以按取消键，取消当前操作。

根据以上要求，设计密码锁的硬件设计框图如图 5－5 所示。

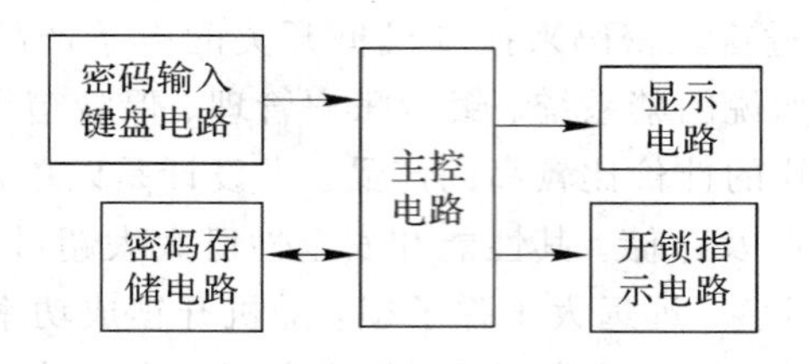

图 5－5　密码锁硬件设计框图

电路由两大部分组成：单片机及其外围电路构成的主控电路和密码锁电路。密码锁电路包含：矩阵键盘密码输入电路、开锁指示电路、操作过程提醒显示电路、AT24C02 掉电密码存储电路。其中，键盘电路用于密码输入以及控制命令输入；开锁指示电路用来指示模拟开锁动作；操作过程提醒显示电路用于提醒操作者输入密码、设置密码、密码正确或错误等信息；AT24C02 掉电存储电路用于存储密码。

系统依旧采用单片机 STC89C52 作为中心器件来完成控制任务。同时，设置 13 个按键，包括 0～9 数字键、确认(OK)、取消(CANCEL)键、设置(SET)键，各个按键作用在介绍系统功能时已经说明。电路中的 LCD1602 用以显示各种提示信息。24C02 则用于存储密码，具体硬件电路如图 5－6 所示。

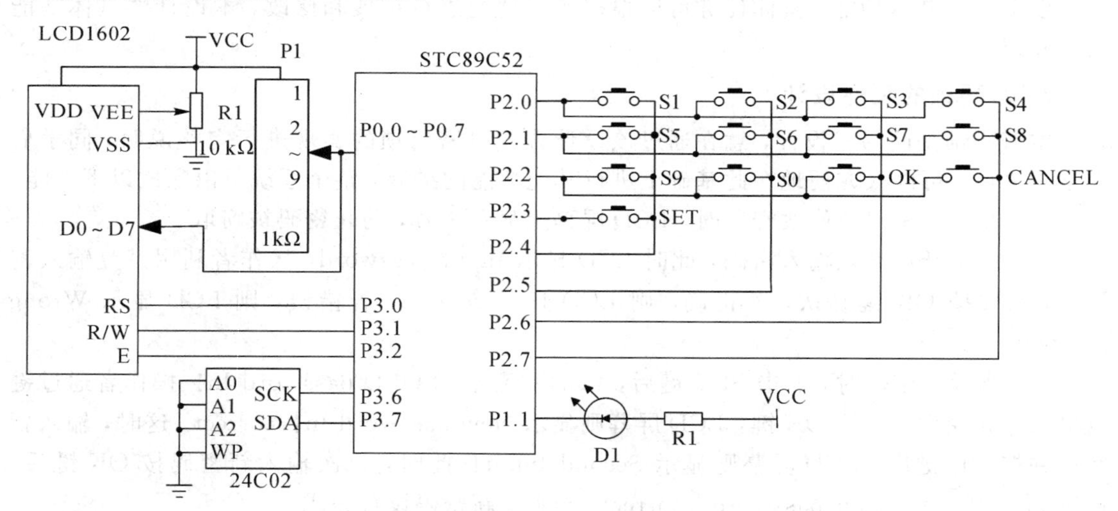

图 5－6　密码锁硬件电路设计

3. 密码锁的软件设计

根据以上电路设计 C 语言参考程序如下：

```
#include<reg52.h>
#include "intrins.h"
#define uchar unsigned char
#define uint unsigned int
#define keyio P2 //键盘接口定义
```

```
//1602I/O 口定义
sbit rs=P3^0;
sbit rw=P3^1;
sbit en=P3^2;
//24C02I/O 口定义
sbit sda=P3^7;
sbit scl=P3^6;
//led I/O 口定义
sbit led=P1^1;
sbit t0_out=P3^4;
void delay10us() //精确延时 10 μs
{_nop_(); _nop_();_nop_();_nop_();_nop_();_nop_();
}
void delaynms(uint x) //延时 n 毫秒
{uint a, b;
  for(a=x;a>0;a--)
    for(b=125;b>0;b--);
}
//1602 驱动程序
void Lcd1602write_com(uchar com)
{P0=com;
  rs=0;
  rw=0;
  en=0;
  delay10us();
  en=1;
  delay10us();
  en=0;
}
void Lcd1602write_date(uchar date)
{   P0=date;
  rs=1;
  rw = 0;
  en=0;
  delay10us();
  en=1;
  delay10us();
  en=0;
}
//三个参数分别为行号、字符个数、字符串
void Lcd1602write_string(uchar line, uchar num, char str[])
{uchar a;
if(line==0)
```

```
          Lcd1602write_com(0x80);
        else
        Lcd1602write_com(0xc0);
    delaynms(1);
    for(a=0;a<num;a++)
    {Lcd1602write_date(str[a]);
    delaynms(1);
    }
}
void Lcd1602init()
{ rw=0;
    Lcd1602write_com(0x38);//功能设置，8数据接口，2行，5*7点阵
    delaynms(1); //期间要求指令间隔时间大于40 μs
    Lcd1602write_com(0x0f);//设置显示、光标、闪烁为开
    delaynms(1);
    Lcd1602write_com(0x06);//设置读写操作后地址自动+1，画面不动
    delaynms(1);
    Lcd1602write_com(0x01);//清屏
    delaynms(1);
}
//键盘扫描程序，扫描结果是输出键号
uchar keyscan(void)
{ uchar kcode, temp;
kcode=0xff;//没有键按下
keyio=0xfe;
temp=keyio;
temp=temp&0xf0;
while(temp!=0xf0)
    {delaynms(5);
    temp=keyio;
    temp=temp&0xf0;
    while(temp!=0xf0)
    {temp=keyio;
    switch(temp)
    {case 0xee:kcode=0;
    break;
    case 0xde:kcode=1;
    break;
    case 0xbe:kcode=2;
    break;
    case 0x7e:kcode=3;
    break;
}
```

```
while(temp!=0xf0)
  {temp=keyio;
    temp=temp&0xf0;
   }
  }
}
keyio=0xfd;
temp=keyio;
temp=temp&0xf0;
while(temp!=0xf0)
  {delaynms(5);
    temp=keyio;
    temp=temp&0xf0;
    while(temp!  =0xf0)
    {temp=keyio;
    switch(temp)
      {case 0xed:kcode=4;
      break;
      case 0xdd:kcode=5;
      break;
      case 0xbd:kcode=6;
      break;
      case 0x7d:kcode=7;
      break;
}
while(temp!=0xf0)
  {temp=keyio;
      temp=temp&0xf0;
    }
  }
}
keyio=0xfb;
temp=keyio;
temp=temp&0xf0;
while(temp!=0xf0)
  {delaynms(5);
    temp=keyio;
    temp=temp&0xf0;
    while(temp!=0xf0)
    {temp=keyio;
    switch(temp)
      {case 0xeb:kcode=8;
      break;
```

```
          case 0xdb:kcode=9;
          break;
          case 0xbb:kcode=10;
          break;
          case 0x7b:kcode=11;
          break;
    }
    while(temp!=0xf0)
        {temp=keyio;
          temp=temp&0xf0;
        }
      }
    }
    keyio=0xf7;
    temp=keyio;
    temp=temp&0xf0;
    while(temp!=0xf0)
      {delaynms(5);
        temp=keyio;
        temp=temp&0xf0;
        while(temp!  =0xf0)
        {temp=keyio;
        switch(temp)
    {case 0xe7:kcode=12;
        break;
    case 0xd7:kcode=13;
        break;
    case 0xb7:kcode=14;
        break;
    case 0x77:kcode=15;
        break;
    }
    while(temp!=0xf0)
      {temp=keyio;
        temp=temp&0xf0;
      }
    }
    }
    return kcode;
    }
    /////////24C02 读写驱动程序///////////////////
    void flash() //延时几微秒
    {  ;  ;}
```

```
void x24c02_init()  //24C02初始化子程序
{scl=1; flash(); sda=1; flash();}
void start()            //启动I2C总线
{sda=1; flash(); scl=1; flash(); sda=0; flash(); scl=0; flash();}
void stop()             //停止I2C总线
{sda=0; flash(); scl=1; flash(); sda=1; flash();}
void writex(unsigned char j)  //写一个字节
{  unsigned char i, temp;
   temp=j;
   for (i=0;i<8;i++)
   {temp=temp<<1; scl=0; flash(); sda=CY; flash(); scl=1; flash();}
   scl=0; flash(); sda=1; flash();
}
unsigned char readx()   //读一个字节
{unsigned char i, j, k=0;
   scl=0;flash();sda=1;
   for (i=0;i<8;i++)
   {flash();scl=1;flash();
      if(sda==1) j=1;
      else j=0;
      k=(k<<1)|j;
  scl=0;}
   flash();return(k);
}
void clock()            //I2C总线时钟
{unsigned char i=0;
   scl=1;flash();
   while((sda==1)&&(i<255))i++;
   scl=0;flash();
}
/////////从24C02的地址address中读取一个字节数据/////
unsigned char x24c02_read(unsigned char address)
{ unsigned char i;
   start(); writex(0xa0);
   clock(); writex(address);
   clock(); start();
   writex(0xa1); clock();
   i=readx(); stop();
  delaynms(10);
   return(i);
}
//////向24C02的address地址中写入一字节数据info/////
void x24C02_write(unsigned char address, unsigned char info)
```

```
{   EA=0;
    start(); writex(0xa0);
    clock(); writex(address);
    clock(); writex(info);
    clock(); stop();
    EA=1;
   delaynms(50);
}
bit PasswordCMP(uchar p1[], uchar p2[])//密码比较函数,相等返回1,否则返回0
{uchar i;
if((p1[0]==p2[0])&&(p1[0]<=16))
{   for(i=1;i<=p1[0];i++)
    {if(p1[i]! =p2[i]) return 0;
}
    if(i>p1[0])
       return 1;
    else return 0;//可以不写
}
else return 0;
}
//定时器0中断服务程序,定时50毫秒,五十毫秒到,输出一个脉冲
void T0IntSev() interrupt 1
   {TL0=(65536-50000)%256;// 12 MHz晶振,重写定时50 ms的初值
    TH0=(65536-50000)/256;//
    t0_out=0; //输出脉冲
    t0_out=1;
   }
void T1IntSev() interrupt 3
   {led=1;
   TR0=0;//停T0
   Lcd1602write_string(1, 16, "                ");
   }
void main()
{uchar ModifyStep;
uchar CurrentPassWord[16]="";
uchar OldPassWord[16]="";
uchar i, j;
P0=0XFF;
P1=0XFF;
P2=0XFF;
P3=0XFF;
Lcd1602init();
x24c02_init();
```

```
TMOD=0X61;//定时器0，定时模式1(16位非自动重装模式)；定时器1，计数方式2(8位自动重装计数)
TL0=(65536-50000)%256;// 12 MHz晶振，定时50 ms的初值
TH0=(65536-50000)/256;//
TL1=256-100;// 计数100次的初值，与T0配合实现定时5秒，用于关闭锁具
TH1=256-100;//
EA=1;//开中断
ET0=1;
ET1=1;
TR0=0;
TR1=1;
/* //写初始密码123456
x24c02_write(2, 6);
for(i=0;i<6;i++)
x24c02_write(i+3, i+1);
*/
//读密码
j=x24c02_read(2);
OldPassWord[0] =j;
for(i=0;i<j;i++)
OldPassWord[1+i]=x24c02_read(3+i);//+0x30; //只为了测试，后期不用
Lcd1602write_string(0, 16, "Input password! ");
while(1)
{j=keyscan();
if(j!=0xff)
{switch(j)
{case 0:case 1:case 2:case 3:case 4:case 5:\
case 6:case 7:case 8:case 9:
CurrentPassWord[0]++;
if(CurrentPassWord[0]<=16)  //最多输入16个密码
  CurrentPassWord[CurrentPassWord[0]]=(j+1)%10;//键号0～9对应密码数字1～9，0
else
  CurrentPassWord[0]=16;
  //显示密码字符*
  Lcd1602write_string(1, 16, "                ");
  Lcd1602write_string(1, CurrentPassWord[0], "****************");
break;
case 10:
switch(ModifyStep)
   {case 0:
   if(PasswordCMP(OldPassWord, CurrentPassWord))
     {  Lcd1602write_string(1, 16, "     correct!     ");
  led=0;//打开锁具
```

```
    TR0=1; //  启动定时器，延时一段时间关闭锁具
    }
  else
  { Lcd1602write_string(1, 16, "Wrong password! ");
    led=1;//锁具保持关闭
  }
      break;
     case 1:
     if(PasswordCMP(OldPassWord, CurrentPassWord))
       {   Lcd1602write_string(1, 16, "      correct!        ");
    ModifyStep=2;//进入输入新密码状态
     Lcd1602write_string(0, 16, "New password In!");
    }
  else
  { Lcd1602write_string(1, 16, "Wrong password! ");
  }
      break;
     case 2:
      for(i=0;i<=CurrentPassWord[0];i++)
  OldPassWord[i]=CurrentPassWord[i];
      Lcd1602write_string(0, 16, "Second input !    ");
  ModifyStep=3;//进入第二次输入新密码状态
      break;
     case 3:
      if(PasswordCMP(OldPassWord, CurrentPassWord))
      {
  //向 24C02 中写入修改后的密码
      x24c02_write(2, CurrentPassWord[0]);
         for(i=0;i<CurrentPassWord[0];i++)
         x24c02_write(i+3, CurrentPassWord[i+1]);
    Lcd1602write_string(1, 16, "      correct!        ");
    ModifyStep=0;//进入输入密码状态
    Lcd1602write_string(0, 16, "Input password! ");
    }
  else
  { Lcd1602write_string(1, 16, "Different, Re In!");
    ModifyStep=2;//重新进入输入新密码状态
    Lcd1602write_string(0, 16, "New password In!");
  }
      break;
     }
    CurrentPassWord[0]=0; //为下次输入密码做准备
    break;
```

```
case 11:
Lcd1602write_string(1, 16, "                ");
if(CurrentPassWord[0]==0)
{ModifyStep=0;
  //从 24c02 中读未被修改的密码
  j=x24C02_read(2);
  OldPassWord[0] =j;
  for(i=0;i<j;i++)
  OldPassWord[1+i]=x24c02_read(3+i);
}
else
CurrentPassWord[0]=0;
  switch(ModifyStep)
   {case 0:
   Lcd1602write_string(0, 16, "Input password! ");
   break;
   case 1:
   Lcd1602write_string(0, 16, "Old password In!");
   break;
   case 2:
   Lcd1602write_string(0, 16, "New password In!");
   break;
   case 3:
   Lcd1602write_string(0, 16, "Second input !   ");
   break;
   }
break;
case 12:
//在系统正常工作在门禁模式且没有输入密码情况下才可进行系统设置
if(ModifyStep==0&&CurrentPassWord[0]==0)
{ModifyStep=1; //进入输入原始密码状态
//显示请输入原密码字样
//清空密码字符 *
Lcd1602write_string(0, 16, "Old password In!");
Lcd1602write_string(1, 16, "                ");
}
break;
}
}
else
{
}
}
```

}

说明：程序中的“/* //写初始密码123456；x24c02_write(2，6)；for(i=0；i<6；i++)；x24c02_write(i+3，i+1)；*/”这段程序是用于给24C02写入初始密码，初始密码为123456，只写一次，所以在使用过程中，可以先加上这段程序，然后运行并下载整个程序，初始密码就被写入到存储器中。然后，操作者就可以根据操作过程自行修改密码，只要是在程序运行期间，密码锁系统都会按照新密码来工作。如果以后重新启动该程序工作时，为了防止因为这段程序运行将初始密码设置为123456，可以将该段程序注掉，再重新下载运行程序，以后系统便会一直按照用户设定的新的密码工作。

5.4　计算器的设计

1. 计算器的设计方案

计算器是人们日常生活中比较常见的电子产品之一，一般由运算器、控制器、存储器、键盘、显示器、电源等组成。其中，键盘是计算器的输入部件；显示器是计算器的输出部件，除显示计算结果，还常有溢出指示、错误指示等。低档计算器的运算器、控制器由数字逻辑电路来实现简单的串行运算，其随机存储器只有一两个单元供累加存储用。高档计算器则由微处理器和只读存储器实现各种复杂的运算程序，有较多的随机存储单元存放输入程序和数据。

计算器的基本设计要求如下：

(1) 加法：一般要求能够计算四位数以内的加法。

(2) 减法：一般要求能够计算四位数以内的减法。

(3) 乘法：一般要求能够计算两位数以内的乘法。

(4) 除法：一般要求能够计算四位数的乘法。

(5) 有清零功能，能随时对运算结果和数字输入进行清零。

以上只是基本功能，具体任务可以根据实际情况进行扩展和修改，本设计的具体功能后续介绍。

2. 计算器的硬件设计

本计算器是简易式设计，意在通过该设计方式对计算器的实现进行完整说明，同学们在学习之后，可以很方便地在此基础上进行其他功能的扩展，整个系统可以完成以下功能。

(1) 该系统设计的计算器可以进行四则运算，支持带两位小数的加、减、乘、除混合运算，并采用LCD显示数据和结果。

(2) 系统共设置18个按键，分别为数字键：0～9、小数点(.)、符号键：+、-、×、/、=、清零键(C)、退格键(B)，其中清零键(C)用以将之前的运算结果清零，从而为下次运算做准备，退格键(B)用以删除光标前面的输入错误的数字信息。

(3) 液晶显示电路使用两行显示，其中第一行显示标题“calculator”或低优先级加减运算中间结果，第二行显示高优先级乘除运算的结果和最终的运算结果。

(4) 在运算过程中，如先出现加减运算，后又进行乘除运算，则前面加减运算结果显示在第一行，第二行进行后续的乘除运算。

(5) 若遇到加减运算则得到总结果还是使用第二行显示，除此情况外只是用第二行显示运算过程。

（6）执行过程：开机初始界面显示“calculator”标题，并等待输入，当键盘输入数据及运算符，会出现在第二行，当点击“＝”，则结果出现在本行。在此结果之上还可以继续输入运算符，在原有的结果之上进行接下来的计算。在计算结束后，需要点击清零键(C)，才可以进行下一次运算，若输入过程出错，可以点击退格键(B)将其清除。

根据以上要求，设计计算器的硬件设计框图如图 5－7 所示。

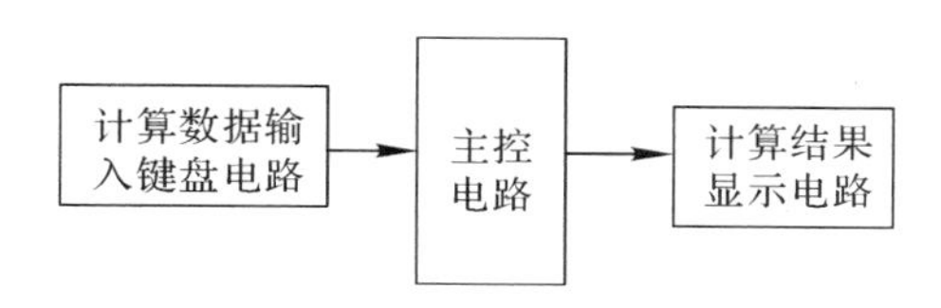

图 5－7　计算器硬件设计框图

系统依旧采用单片机 STC89C52 作为中心器件来完成对计算器的控制任务。同时，设置 18 个按键，分别为数字键：0～9、小数点(.)、符号键：＋、－、＊、/、＝、清零键(C)、退格键(B)；并设置一个 LCD1602 液晶显示器，用以显示计算结果。具体硬件电路如图 5－8所示。

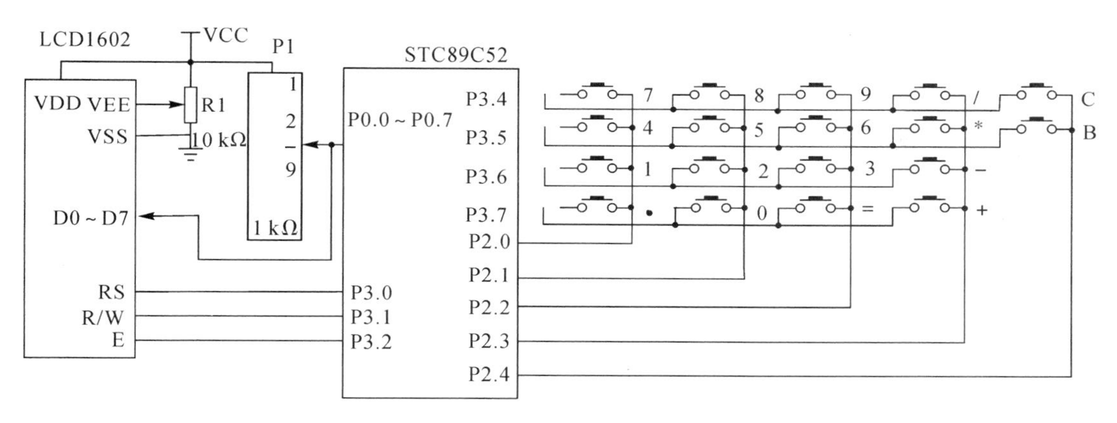

图 5－8　计算器硬件电路设计

3. 计算器的软件设计

根据以上电路设计 C 语言参考程序如下：

```
#include<reg52.h>
#include "intrins.h"
#include "stdio.h"
#include "string.h"
#define uchar unsigned char
#define uint unsigned int
#define keyin P2 //键盘接口读码 5 位，P2.0～P2.4
#define keyout P3 //键盘接口扫描 4，P3.4～P3.7
//1602IO 口定义
sbit rs=P3^0;
```

```
sbit rw=P3^1;
sbit en=P3^2;
void delay10us() //精确延时 10 μs
{_nop_(); _nop_();_nop_();_nop_();_nop_();_nop_();
}
void delaynms(uint x) //延时 n 毫秒
{uint a, b;
  for(a=x;a>0;a--)
    for(b=125;b>0;b--);
}
//1602 驱动程序
void Lcd1602write_com(uchar com)
{P0=com;
rs=0;
rw = 0;
en=0;
delay10us();
en=1;
delay10us();
en=0;
}
void Lcd1602write_date(uchar date)
{P0=date;
rs=1;
rw = 0;
en=0;
delay10us();
en=1;
delay10us();
en=0;
}
//三个参数分别为行号、字符个数、字符串
void Lcd1602write_string(uchar line, uchar clo, uchar num, char str[])
{uchar a;
if(line==0)
        Lcd1602write_com(0x80+clo);
      else
  Lcd1602write_com(0xc0+clo);
delaynms(1);
for(a=0;a<num;a++)
{Lcd1602write_date(str[a]);
delaynms(1);
}
```

```
}
void Lcd1602init()
{   rw=0;
    Lcd1602write_com(0x38);//功能设置，8 数据口，2 行，5×7 点阵
    delaynms(1); //期间要求指令间隔时间大于 40 μs
    Lcd1602write_com(0x0c);//设置显示开、光标、闪烁为关
    delaynms(1);
    Lcd1602write_com(0x06);//设置读写操作后地址自动+1，画面不动
    delaynms(1);
    Lcd1602write_com(0x01);//清屏
    delaynms(1);
}
//键盘扫描程序，扫描结果是输出键号
uchar keyscan(void)
{ uchar kcode, temp;
  kcode=0xff;//没有键按下
  keyout=0xe0;
  temp=keyin;
  temp=temp&0x1f;
  while(temp!=0x1f)
    {delaynms(5);
      temp=keyin;
      temp=temp&0x1f;
      while(temp!=0x1f)
       {temp=keyin;
        temp=temp&0x1f;
        switch(temp)
   {   case 0x1e:kcode=7;
       break;
       case 0x1d:kcode=8;
       break;
       case 0x1b:kcode=9;
       break;
       case 0x17:kcode=12;
       break;
   case 0x0f:kcode=16;
       break;
   }
   while(temp!=0x1f)
   {   temp=keyin;
       temp=temp&0x1f;
     }
   }
```

```
  }
    keyout=0xd0;
    temp=keyin;
    temp=temp&0x1f;
    while(temp!=0x1f)
  {   delaynms(5);
      temp=keyin;
      temp=temp&0x1f;
      while(temp!=0x1f)
  {   temp=keyin;
      temp=temp&0x1f;
      switch(temp)
  {    case 0x1e:kcode=4;
              break;
       case 0x1d:kcode=5;
              break;
       case 0x1b:kcode=6;
              break;
       case 0x17:kcode=13;
              break;
       case 0x0f:kcode=17;
              break;
  }
  while(temp!=0x1f)
  {      temp=keyin;
       temp=temp&0x1f;
       }
    }
  }
  keyout=0xb0;
  temp=keyin;
  temp=temp&0x1f;
  while(temp!=0x1f)
  {   delaynms(5);
      temp=keyin;
      temp=temp&0x1f;
      while(temp!=0x1f)
  {   temp=keyin;
        temp=temp&0x1f;
    switch(temp)
  {    case 0x1e:kcode=1;
              break;
       case 0x1d:kcode=2;
```

```
            break;
        case 0x1b:kcode=3;
            break;
        case 0x17:kcode=14;
            break;
    }
    while(temp!=0x1f)
{       temp=keyin;
        temp=temp&0x1f;
        }
    }
}
keyout=0x70;
temp=keyin;
temp=temp&0x1f;
while(temp!=0x1f)
      {delaynms(5);
      temp=keyin;
      temp=temp&0x1f;
      while(temp!  =0x1f)
{       temp=keyin;
      temp=temp&0x1f;
switch(temp)
{       case 0x1e:kcode=10;
            break;
      case 0x1d:kcode=0;
            break;
      case 0x1b:kcode=11;
            break;
      case 0x17:kcode=15;
            break;
}
      while(temp!=0x1f)
      {temp=keyin;
      temp=temp&0x1f;
      }
    }
}
return kcode;
}
void main()
{uchar keycode;
//OldData 低优先级运算结果，LastData 前一运算结果，Current 当前数
```

```
float OldData=0, LastData=0, CurrentData=0, temp=0;
char PointNum=0, i, j;
  // InputFlag=0 当前输入的是整数，  InputFlag=1 当前输入的是小数
uchar  OldOperator=0, LastOperator=0, CurrentOperator=0, InputFlag=0;char str[17];
P0=0XFF;
P1=0XFF;
P2=0XFF;
P3=0XFF;
Lcd1602init();
EA=0;//关中断
Lcd1602write_string(0, 0, 16, "    calculator    ");
while(1)
{keycode=keyscan();
if(keycode! =0xff)
{switch(keycode)
{///////////////按数字键/////////////////////////
case 0: case 1: case 2: case 3: case 4: case 5: case 6: case 7: case 8: case 9:
{if(CurrentData==0) //清显示区域显示内容
  Lcd1602write_string(1, 0, 16, "                ");
if(InputFlag==0)
{CurrentData=CurrentData * 10+keycode;
  }
else
{temp=keycode;
PointNum++;
if(PointNum<3)  //小数限制在两位数内
{i=PointNum;
  do{
  temp/=10;
  }
  while((--i)!=0);
  CurrentData=CurrentData+temp;
}
else
PointNum--;//保持小数点位数为 2
}
//显示
if(InputFlag==0)
sprintf(str, "%.0f", CurrentData);
else if(PointNum==0)
        sprintf(str, "%.0f.", CurrentData);
      else if(PointNum==1)
        sprintf(str, "%.1f", CurrentData);
```

```
else
    sprintf(str, "%.2f", CurrentData);
j=strlen(str);
Lcd1602write_string(1, 16-j, j, str);
break;
}
case 10: //按小数点键 //////////////////////////////
   {if(InputFlag==0)
    {InputFlag=1;//开始输入小数
    PointNum=0;//
    }
//显示
sprintf(str, "%.0f.", CurrentData);
j=strlen(str);
Lcd1602write_string(1, 16-j, j, str);
break;
}
case 11:  //按=键////////////////////////////////////////
{Lcd1602write_string(0, 0, 16, "    calculator    ");
//计算结果
if(CurrentData!=0)
{if(LastOperator=='+')//只有加减运算
CurrentData+=LastData;
else
   if(LastOperator=='-') //只有加减运算
    CurrentData=LastData- CurrentData;
      else
    if(LastOperator=='/' )
       {if(OldOperator==0)//只有乘除运算
   CurrentData=LastData/CurrentData;
   else if (OldOperator=='+')  //加减混合运算
CurrentData=OldData+LastData/CurrentData;
else    if (OldOperator=='-')  //加减混合运算
CurrentData=OldData-LastData/CurrentData;
       }
       else if(LastOperator=='*')
       { if(OldOperator==0)//只有乘除运算
   CurrentData=LastData*CurrentData;
   else if (OldOperator=='+')   //加减混合运算
CurrentData=OldData+LastData*CurrentData;
else    if (OldOperator=='-')//加减混合运算
               CurrentData=OldData-LastData*CurrentData;
         }
```

```
}
else //没有输入新数据的情况下按=
{if(LastOperator=='+'||LastOperator=='-')//只有加减运算
    CurrentData=LastData;
    else
   if(LastOperator=='/'||LastOperator=='*')
     {if(OldOperator==0)//只有乘除运算
  CurrentData=LastData;
  else if (OldOperator=='+')  //加减混合运算
CurrentData=OldData+LastData;
else   if (OldOperator=='-')  //加减混合运算
        CurrentData=OldData-LastData;
     }
}
   //显示
if(CurrentData==(long)CurrentData)
{sprintf(str, "%.0f", CurrentData);
InputFlag=0;//开始输入整数
}
else
{sprintf(str, "%.2f", CurrentData);
InputFlag=1;//开始输入小数
  PointNum=2;//
}
j=strlen(str);
Lcd1602write_string(1, 0, 16, "                ");
Lcd1602write_string(1, 16-j, j, str);
OldOperator=0;
LastOperator=0;
CurrentOperator=0;
OldData=0;
LastData=0;
  break;
}
case 12: //按/键 ////////////////////////////////////////
  {InputFlag=0;  PointNum=0;
  if(CurrentData!=0&&(LastOperator=='+'||LastOperator=='-'))//输入完数据后按更高优先级别的运算符
    {OldData=LastData;
LastData=CurrentData;
OldOperator=LastOperator;
Lcd1602write_string(0, 0, 16, "                ");
sprintf(str, "%.2f %c", OldData, OldOperator);
```

```
        j=strlen(str);
        Lcd1602write_string(0, 16-j, j, str);
    }
    else  if(LastOperator=='*')// 前面为同优先级的运算
       {LastData *=CurrentData;
       }
    else  if(LastOperator=='/')//前面为同优先级的运算
                {LastData/=CurrentData;
            }
    else if(LastOperator==0)//前面无运算
      {LastData=CurrentData;
      }
      LastOperator='/';   //在没有输入新数据时反复按符号键
      Lcd1602write_string(1, 0, 16, "                ");
      sprintf(str, "%.2f %c", LastData, LastOperator);
      j=strlen(str);
      Lcd1602write_string(1, 16-j, j, str);
      CurrentData=0;
    break;
    }
    case 13://按*键////////////////////////////////
    {InputFlag=0; PointNum=0;//
    if(CurrentData! =0&&(LastOperator=='+'||LastOperator=='-'))//输入完数据后按更
高优先级别的运算符
    {OldData=LastData;
    LastData=CurrentData;
    CurrentData=0;
    OldOperator=LastOperator;
    Lcd1602write_string(0, 0, 16, "                ");
    sprintf(str, "%.2f %c", OldData, OldOperator);
    j=strlen(str);
    Lcd1602write_string(0, 16-j, j, str);
    }
    else  if(LastOperator=='*')// /前面为同优先级的运算
       {LastData *=CurrentData;
      }
    else  if(LastOperator=='/')///前面为同优先级的运算
                {LastData/=CurrentData;
                  }else if(LastOperator==0)//前面无运算
                  {LastData=CurrentData;
                }
      LastOperator='*'; //在没有输入新数据时反复按符号键
      Lcd1602write_string(1, 0, 16, "                ");
```

```
    sprintf(str, "%.2f %c", LastData, LastOperator);
    j=strlen(str);
    Lcd1602write_string(1, 16-j, j, str);
    CurrentData=0;
  break;
  }
  case 14://按一键///////////////////////
  {InputFlag=0; PointNum=0;//
  if(CurrentData!=0)//输入完数据后按运算符
      { if(LastOperator=='+')// 前面为同优先级的运算
        {LastData+=CurrentData;
      }
          else  if(LastOperator=='-')//前面为同优先级的运算
            {LastData-=CurrentData;
          }
  else
  if(LastOperator=='*')//前面为高优先级的运算
     {if(OldOperator=='+')    //前面先低优先级再高优先级的运算
      LastData=OldData+LastData * CurrentData;
      else if(OldOperator=='-')
      LastData=OldData-LastData * CurrentData;
      else if(OldOperator==0)//前面无先低优先级再高优先级的运算
      LastData=LastData * CurrentData;
  }
  else  if(LastOperator=='/')//前面为高优先级的运算
    {if(OldOperator=='+')
     LastData=OldData+LastData/CurrentData;
     else if(OldOperator=='-')
     LastData=OldData-LastData/CurrentData;
     else if(OldOperator==0)//前面无先低优先级再高优先级的运算
     LastData=LastData/CurrentData;
           }else if(LastOperator==0)//前面无运算
            {LastData=CurrentData;
                      }
  }
  else if(OldOperator=='+') //前面为高优先级的运算
       {LastData+=OldData;}
  else if(OldOperator=='-')//前面为高优先级的运算
         {LastData=OldData-LastData;}
  LastOperator='-';//在没有输入新数据时反复按符号键
    Lcd1602write_string(0, 0, 16, "     calculator    ");//回复第一行显示
  Lcd1602write_string(1, 0, 16, "                  ");
  sprintf(str, "%.2f %c", LastData, LastOperator);
```

```
        j=strlen(str);
        Lcd1602write_string(1, 16-j, j, str);
        CurrentData=0;
        OldData=0;
        OldOperator=0;
break;
}
case 15://按+键//////////////////////
{InputFlag=0; PointNum=0;//
if(CurrentData!=0)//输入完数据后按运算符
        {if(LastOperator=='+')//
      {LastData+=CurrentData;
}
        else  if(LastOperator=='-')//
                {LastData-=CurrentData;
                }
                else
                if(LastOperator=='*')//
                  { if(OldOperator=='+')
                    LastData=OldData+LastData*CurrentData;
                    else if(OldOperator=='-')
                    LastData=OldData-LastData*CurrentData;
                    else if(OldOperator==0)//前面无先低优先级再高优先级的运算
                    LastData=LastData*CurrentData;
}
                else  if(LastOperator=='/')//
                  {if(OldOperator=='+')
LastData=OldData+LastData/CurrentData;
                  else if(OldOperator=='-')
LastData=OldData-LastData/CurrentData;
                  else if(OldOperator==0)//前面无先低优先级再高优先级的运算
                   LastData=LastData*CurrentData;
    }
else if(LastOperator==0)//
        {LastData=CurrentData;
        }
}
else if(OldOperator=='+')
        {LastData+=OldData;}
          else if(OldOperator=='-')
          {LastData=OldData-LastData;}
LastOperator='+';//在没有输入新数据时反复按符号键
  Lcd1602write_string(0, 0, 16, "    calculator    ");//回复第一行显示
```

```
Lcd1602write_string(1, 0, 16, "                ");
sprintf(str, "%.2f %c", LastData, LastOperator);
    j=strlen(str);
    Lcd1602write_string(1, 16-j, j, str);
CurrentData=0;
OldData=0;
OldOperator=0;
break;
}
case 16:  //按"清零"键 //////////////////////
{InputFlag=0;//开始输入整数/
PointNum=0;
CurrentData=0;
OldData=0;
LastData=0;
OldOperator=0;
LastOperator=0;
CurrentOperator=0;
Lcd1602write_string(1, 0, 16, "                ");
//显示
sprintf(str, "%.0f", CurrentData);
j=strlen(str);
Lcd1602write_string(1, 16-j, j, str);
break;
}
case 17://按"退格"键//////////////////////
{if(CurrentData!=0)
{if(InputFlag==0)
{CurrentData=(long)(CurrentData/10);
  }
else
{if(PointNum>0)   //小数限制在2位内
{PointNum--;
  i=PointNum;
  while(i!=0){
   CurrentData *=10;
   i--;
  }
  CurrentData=(long)CurrentData;
  i=PointNum;
   while(i!=0){
   CurrentData/=10;
   i--;
```

```
    }
     }
    else
    {InputFlag=0;
    PointNum=0;
    }
}
Lcd1602write_string(1, 0, 16, "                ");
//显示
if(InputFlag==0)
sprintf(str, "%.0f", CurrentData);
else if(PointNum==0)
        sprintf(str, "%.0f.", CurrentData);
      else if(PointNum==1)
        sprintf(str, "%.1f", CurrentData);
        else
      sprintf(str, "%.2f", CurrentData);
j=strlen(str);
Lcd1602write_string(1, 16-j, j, str);
}
break;
}
};
   }
}
}
```

思　考　题

1. 请分析交通灯的控制原理，并思考如何对其进行其他功能的扩展，比如如何增加转向控制灯以及时间显示等功能？

2. 请分析交通灯的控制程序，并思考如何利用汇编语言实现其控制过程。

3. 请分析抢答器的控制原理，并思考如何对其进行其他功能的扩展，比如如何增加选手得分显示以及限定抢答时间显示等功能？

4. 请分析抢答器的控制程序，并思考如何利用汇编语言实现其控制过程。

5. 请分析密码锁的控制原理，并思考如何对其进行其他功能的扩展，比如如何增加密码等级控制以及语音提示操作等功能？

6. 请分析密码锁的控制程序，并思考如何利用汇编语言实现其控制过程。

7. 请分析计算器的控制原理，并思考如何对其进行其他功能的扩展，比如如何增加错误指示以及其他复杂运算等功能？

8. 请分析计算器的控制程序，并思考如何利用汇编语言实现其控制过程。

第六章　系统开发与实战训练之应用系统开发

本章的宗旨是给学生创造一个毕业设计开发的思路平台，所列课题适合于基于单片机的毕业设计任务，即来电显示及语音自动播报系统的开发任务。一般一个课题可以由两个学生完成，其中，一个学生负责软件设计，另一个学生负责硬件设计。在课题实现过程中，当用到本书之前未提及的其他器件或设备时，这里会重点介绍。在课题的介绍中，首先简述课题的功能要求、课题简介、课题设计的任务功能分配要求以及方案设计、硬件框图，然后具体介绍课题的硬件设计电路、软件设计方案。由于篇幅的原因，本章的软件设计只是给出软件流程，具体程序可以以光盘方式给出。通过对本章课题的设计过程的学习，学生们可以进一步理解单片机设计方式，提高独立完成设计任务的能力，从而为今后的实际工程设计打下良好的基础。

6.1　来电显示及语音自动播报系统的功能要求

1. 课题简介

本设计课题主要是设计开发一个来电显示及语音自动播报系统，该系统可以检测出电话的来电信号，并将其号码信息显示出来，同时用语音进行播报，从而满足了人们选择性接听电话的需求，提高了人们的自主性和工作效率。

在本设计中，要求由单片机来完成整个系统的控制。该课题适用两个同学完成，设计条件是：实验环境下单片机仿真的软硬件以及与课题有关的国内外资料。要求负责硬件设计的同学进行测试系统可行性研究、论证；掌握 Protel 软件的使用；进行系统有关电路的设计；按照规定要求，撰写毕业论文；提供单片机开发系统调试电路以及相关技术资料。要求负责软件设计的同学进行测试系统可行性研究、论证；进行测试系统的软件设计；对测试系统的软件进行分部调试与仿真；按照规定要求，撰写毕业论文；提供单片机开发系统调试程序以及相关技术资料。

2. 课题设计的任务功能分配要求

本设计课题实现的系统功能要求：

(1) 能够检测出电话来电信号中的号码信息。

(2) 可以对来电的号码信息进行显示。

(3) 可以对来电的号码信息进行语音播报。

(4) 要求由单片机来完成整个系统的控制。

(5) 负责软件设计的同学主要负责软件程序的编写设计，包括流程图及具体程序的编写及调试。

(6) 负责硬件设计的同学负责设计出硬件电路，包括：选择适当的元件及参数；利用Protel工具绘制出整个电路的详细图；完成硬件的连接及调试并规划整体。

6.2 来电显示及语音自动播报系统的设计方案

根据系统设计的要求和设计思路，确定系统的硬件设计框图如图6-1所示。

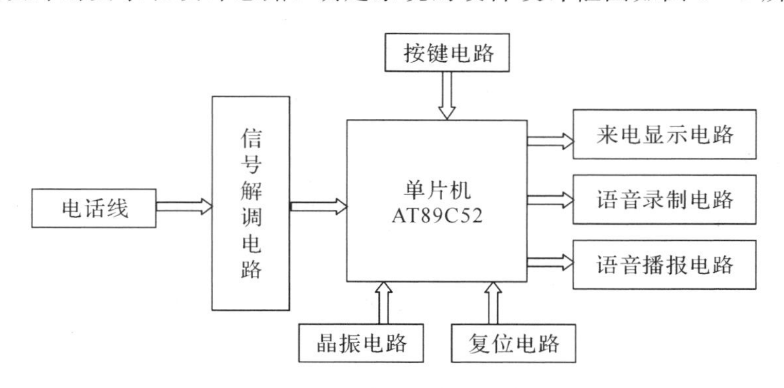

图6-1 系统的硬件设计框图

以单片机AT89C52为控制核心，硬件电路主要由单片机、信号解调电路、来电显示电路、语音录制电路、语音播报电路、按键电路等组成。在工作过程中，使用FSK解调芯片HT9032C对电话线上的FSK信号进行解调，并将主叫方的来电号码转换为二进制码识别存储，再经过单片机的缓存处理，在LCD上显示号码并通过语音播报芯片自动播报出来。语音录制和播报电路用的语音芯片为ISD2560，主要录制前导音"你的来电是"和10个阿拉伯数字(0～9)，并在有来电信息的时候进行播报。按键电路一共设置了四个按键，作用是控制录音过程中的段号。另外，晶振电路为单片机提供时钟信号；复位电路使单片机的CPU以及其他功能部件都处于一个确定的初始状态。

6.3 来电显示及语音自动播报系统的硬件设计

以单片机AT89C52为核心，通过信号解调模块、按键控制模块、语音录制及播报等模块相互协作，从而实现系统的各项功能。来电显示及语音自动播报系统硬件设计部分的主要任务是如何使解调芯片、语音芯片、显示芯片与单片机正确连接以及充分考虑软件的编程任务，最终实现各项功能。

根据以上的设计思路，系统的主要组成电路的具体硬件设计如下。

1. 单片机主控电路选择

选择AT89C52作为系统的控制中心，该芯片是51系列单片机的一个型号，是一个低电压、高性能CMOS 8位单片机，片内含8 KB的可反复擦写的Flash只读程序存储器(ROM)和256B的随机存取数据存储器(RAM)，兼容标准MCS-51指令系统。

2. 晶振电路

AT89C52在工作时需要时钟信号，本设计在其第18脚(X1)与第19脚(X2)间接上12 MHz的晶振，为单片机提供1 μs的机械振荡周期，具体晶振电路如图6-2所示。图中的电容器起稳定振荡频率、快速起振的作用，电容值一般为 20～50 pF。

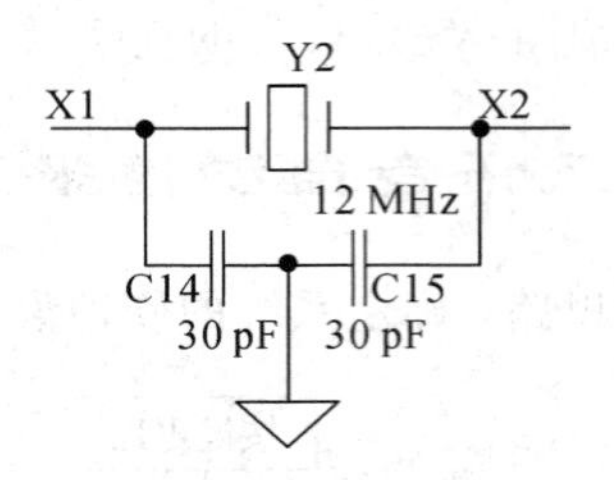

图 6-2　晶振电路

3. 复位电路

在 AT89C52 单片机振荡器运行时，当 RESET 引脚上保持至少 2 个机器周期的高电平输入信号时，复位过程即可完成。据此本设计采用上电复位和按键电平复位，具体复位电路如图 6-3 所示。在工作过程中，当按钮按下后，电容两端被短路，RESET 端电压上升为高电平，进入复位状态，之后电源通过电阻 R1 对电容充电，RESET 端电压慢慢下降，降到一定程度即为低电平，复位停止。另外，按钮断开也相当于上电复位，作自动复位电路使用。

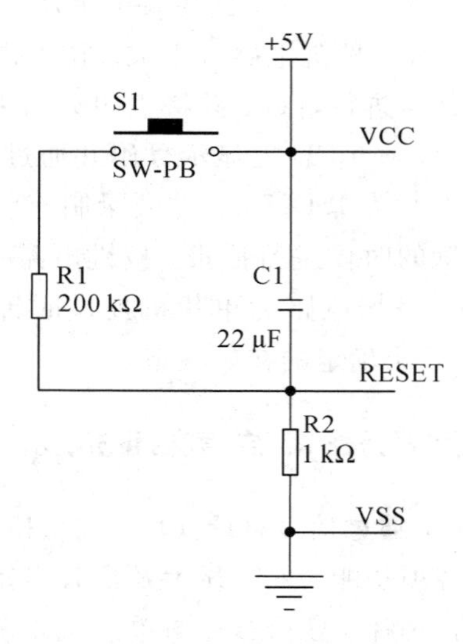

图 6-3　复位电路

4. 电话接口电路

电话接口电路包含了整流电路和信号解调两个部分，电话线里的交流信号经过整流电路后再送入 HT9032C 中进行信号解调。设计中的信号解调采用的是 Holtek 公司生产的 FSK 解码芯片 HT9032C。HT9032C 是接收物理层主叫识别信息的低功耗 CMOS 集成芯片。它满足 Bell 202 和 CCITTV. 231200b/sFSK 数据传输标准，能同时检测振铃和载波。

1）HT9032C 管脚及时序

HT9032C 管脚说明如表 6-1 所示。

表 6-1　HT9032C 管脚说明

名称	管脚号	类型	名　称　和　功　能
VSS	8	I	接地端
VDD	16	I	电源
PDWN	7	I	低电平时工作，高电平时进入睡眠模式
X1	10	I	晶振或陶瓷谐振器应连接到这个引脚和 X2 之间
X2	9	O	晶振或陶瓷谐振器应连接到这个引脚和 X1 之间
$\overline{\text{RTIME}}$	6	I	一个 RC 网络可以连接到这个引脚，用来保持该引脚电压在 2.2 V 到振铃信号峰值电压之间
TIP	1	I	该输入引脚连接到电话线。该引脚必须与电话线隔离直流信号
RING	2	I	该输入引脚连接到电话线。该引脚必须与电话线隔离直流信号
$\overline{\text{RDET}}$	12	O	该引脚是集电极开路，它输出低电平时表示当前正在振铃，平时为高电平
CDET	13	O	该引脚是集电极开路，它输出为低电平时，说明有来电信息输，平时为高电平
DOUT	14	O	来电信息输出引脚，数据是串行输出数据流，每一位是“1”或“0”。信息包括“0”、“1”交替的引导码、识别标志和数据。在其他时间，此引脚都是高电平
DOUTC	15	O	来电信息输出引脚，与 DOUT 的区别是其不含“0”、“1”交替的引导码

HT9032C 的时序如图 6-4 所示。

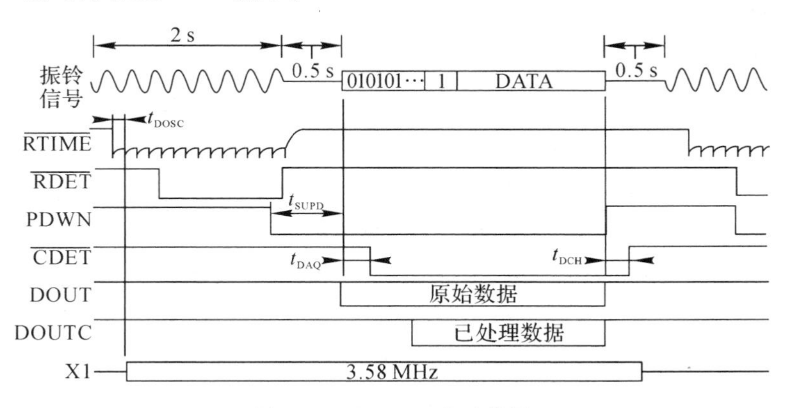

图 6-4　HT9032C 时序图

2）电话接口电路连接图

根据 HT9032C 的工作特点，设计将电话线经整流电路接到 HT9032C 的 TIP、RING、RDET1、RDET2 引脚。具体电话接口电路连接如图 6－5 所示。

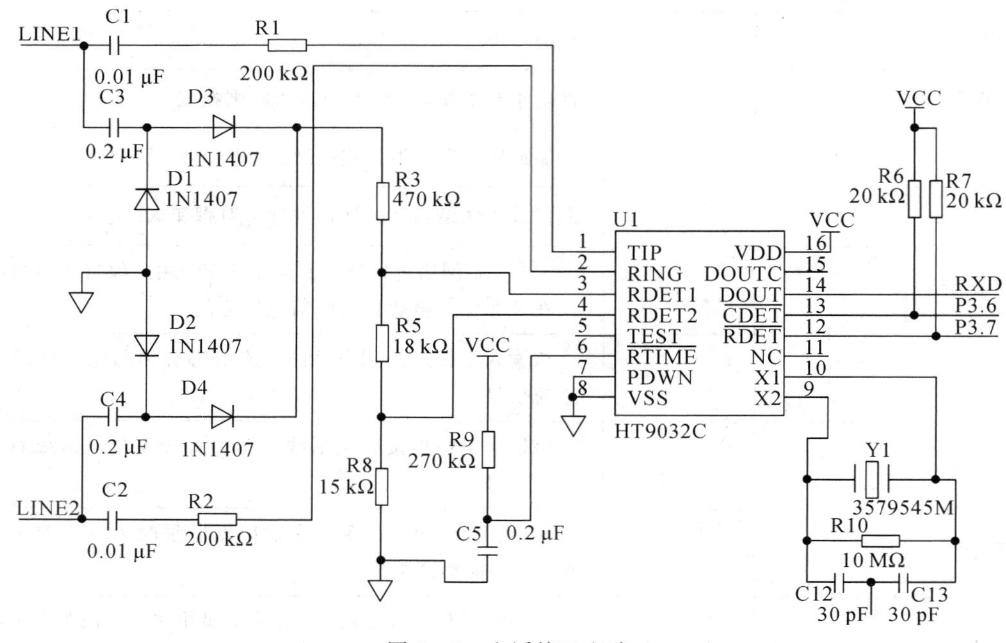

图 6－5　电话接口电路

图中，LINE1、LINE2 分别为电话线两端子，HT9032C 的 DOUT、$\overline{\text{CDET}}$、$\overline{\text{RDET}}$引脚分别接单片机的 RXD、P3.6、P3.7 引脚。在工作过程中，当有振铃信号来时，HT9032C 的$\overline{\text{RDET}}$脚触发下降沿。在第 1 次和第 2 次振铃之间，HT9032C 把 FSK 信号解调成串行异步二进制数据。第一次振铃检测信号结束时，$\overline{\text{RDET}}$引脚会由低电平变为高电平，延时 800 ms。当检测到有效载波信号时，$\overline{\text{CDET}}$引脚触发下降沿，信号从 DOUT（RXD）引脚输出到单片机进行缓存处理。

5. 按键电路

本设计设置了四个按键，均用于语音信息的录制。其中，K1 按键控制录音的总开始和每段录音的开始，K2 和 K3 为控制录制某一段语音的调整键，K2 为下调按键，K3 是上调按键，K4 为录音结束按键。具体按键电路图如图 6－6 所示。

在图 6－6 中，K1 键接单片机的外部中断 INT1 端口，K2、K3、K4 分别连接着单片机的 P2.0、P2.1、P2.2 口。其中，K1 键是启动录音按键，在工作过程中，按下 K1 后会触发外部中断 1，此时指示红灯（图略）亮，同时屏幕显示“语音录制状态”，准备录制第 0 段（即前导音“您的来电是：”），而段号 1 至 10 则录制数字 0 到 9 的语音。若需要调节段号，可以通过 K2 和 K3 来调节，如若不需要则再按下 K1 键进入当前段的录制。设计中还增加了指示绿灯（图略），当绿灯亮时即可输入录制语音，绿灯灭后再次按下 K1 键，开始录制下一段的语音。当所有的语音都录制完后，可按 K4 键退出，即中断返回。具体录音过程见语音录制电路。

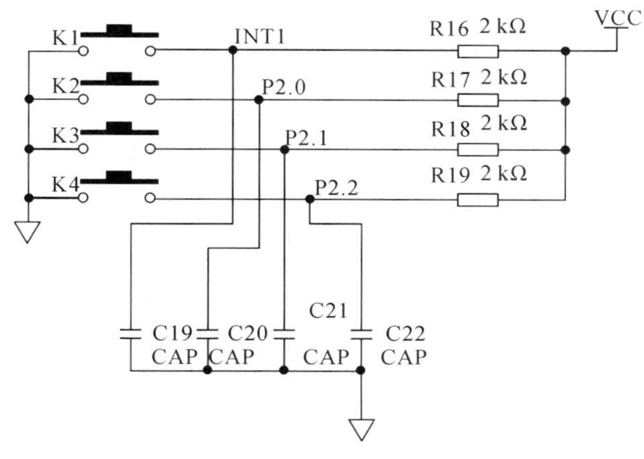

图 6－6　按键电路图

6. 语音电路

语音电路采用了美国 ISD 公司生产的 ISD2500 系列芯片 ISD2560。

1）语音芯片 ISD2560 的主要特性及引脚说明

ISD2560 的最大特点在于片内有容量为 480 KB 的 EEPROM，录放时间长，同时由于 EEPROM 可以电擦除，所以此芯片可以随录随放，任意改写或删除，不需专用的语音固化开发系统进行编程和烧录。重复录音次数达 1 万次以上，录制的信息可以保存 1 年以上，断电后信息不会丢失。它有 10 个地址输入端，寻址能力可达 1024 位，最多能分 600 段。

ISD2560 主要引脚说明如表 6－2 所示。

表 6－2　ISD2560 引脚说明

名称	引脚号	类型	名称和功能
VCCA VCCD	16 28	I	电源。为了最大限度减小噪声，芯片内部的模拟和数字电路使用不同的电源总线，并且分别引到外封装上
VSSA VSSD	13 12	I	接地端
PD	24	I	节电控制。该端拉高可使芯片停止工作而进入节电状态。当芯片发生溢出即 OVF 端输出低电平后，应将本端短暂变高以复位芯片
$\overline{\text{CE}}$	23	I	片选。该端变低且 PD 也为低电平时，允许进行录、放操作
P/R	27	I	录放模式。该端状态一般在 CE 的下降沿锁存。高电平选择放音，低电平选择录音。录音时，由地址端提供起始地址，直到录音持续到 CE 或 PD 变高，或内存溢出。如果是前一种情况，芯片将自动在录音结束处写入 EOM 标志。放音时，由地址端提供起始地址，放音持续到 EOM 标志处。如果 CE 一直为低，或芯片工作在某些操作模式，放音则会忽略 EOM 而继续进行下去，直到发生溢出为止
EOM	25	I	信息结尾标志。该标志在录音时由芯片自动插入到该信息段的结尾。当放音遇到 EOM 时，该端输出低电平脉冲。另外，ISD2560 芯片内部会自动检测电源电压以维护信息的完整性，当电压低于3.5 V 时，该端变低，此时芯片只能放音。在录音模式状态下，可用来驱动 LED，以指示芯片当前的工作状态

续表

名称	引脚号	类型	名 称 和 功 能
$\overline{\text{OVF}}$	22	O	溢出标志。芯片处于存储空间末尾时，该端输出低电平脉冲以表示溢出，之后该端状态跟随 CE 端的状态，直到 PD 端变高。此外，该端还可用于级联多个语音芯片来延长放音时间
MIC	17	I	话筒输入。该端连至片内前置放大器。片内自动增益控制电路(AGC)可将增益控制在－15～24 dB。外接话筒应通过串联电容耦合到该端。耦合电容值和该端的 10 kΩ 输入阻抗决定了芯片频带的低频截止点
MICREF	18	I	话筒参考。该端是前置放大器的反向输入。当以差分形式连接话筒时，可减小噪声，并提高共模抑制比
AGC	19	I	自动增益控制。该端可动态调整前置增益以补偿话筒输入电平的宽幅变化，这样在录制变化很大的音量(从耳语到喧嚣声)时就能保持最小失真。响应时间取决于该端内置的 5 kΩ 电阻和从该端到 VSSA 端所接电容的时间常数。释放时间则取决于该端外接的并联对地电容和电阻设定的时间常数。选用标称值分别为 470 kΩ 和 4.7 μF 的电阻、电容可以得到满意的效果
ANAOUT	21	O	模拟输出。该端为前置放大器输出。其前置电压增益取决于 AGC 端电平
ANAIN	20	I	模拟输入。该端为芯片录音信号输入。对话筒输入来说，ANAOUT 端应通过外接电容连至该端，该电容和本端的 3 kΩ 输入阻抗决定了芯片频带的附加低端截止频率。其他音源可通过交流耦合直接连至该端
SP＋ SP－	14 15	O	扬声器输出。该端可驱动 16Ω 以上的喇叭。单端输出时必须在输出端和喇叭间接耦合电容，而双端输出则不用电容就能将功率提高至 4 倍
AUXIN	11	I	辅助输入。当 CE 和 P/R 为高，不进行放音或处于放音溢出状态时该端的输入信号将通过内部功放驱动喇叭输出端。当多个 ISD2560 芯片级联时，后级的喇叭输出将通过该端连接到本级的输出放大器
XCLK	26	I	外部时钟。该端内部有下拉元件，不用时应接地
AX/MX	1－7	I	地址/模式输入。地址端的作用取决于最高两位(MSB，即 A8 和 A9)的状态。当最高两位中有一个为 0 时，所有输入均作为当前录音或放音的起始地址。地址端只作输入，不输出操作过程中的内部地址信息。地址在 CE 的下降沿锁存。当最高两位全为 1 时，A0～A6 可用于模式选择

2）语音录制电路

语音录制电路如图 6－7 所示。ISD2560 内 480 KB 的 EEPROM 最多能分为 600 个信息段，它的采样频率是 8 kHz，总的时间是 60 s，则每个信息段的时间为 100 ms。本设计将前 209 小段分成 12 个大段，地址 0～49 用来录制前导音，时间为 5 s，地址 50～209 用来录制 10 个阿拉伯数字(0～9)，每 16 个小段一个数字，时间是 1.6 s。利用该时间长度作为一个段地址，通过单片机定时器的计时平行地映射信息段的地址，从而得到每段录音的起始地址。

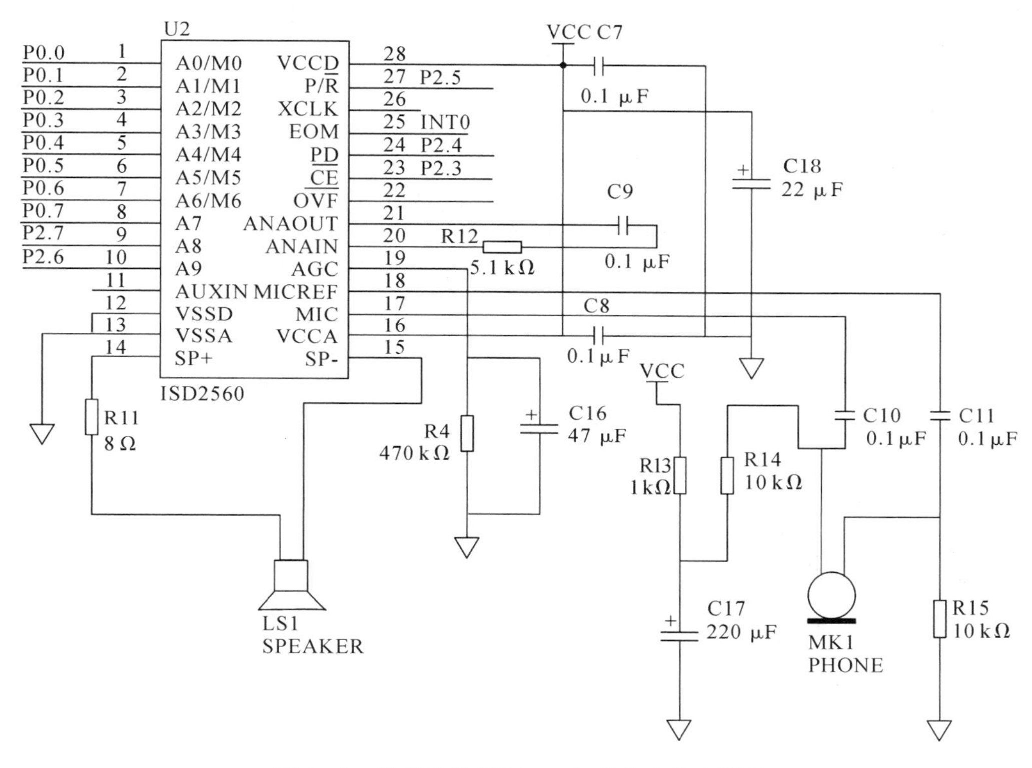

图 6－7　语音芯片 ISD2560 与单片机的连接图

录音时，单片机通过 P2.5 和 P2.4 引脚控制 ISD2560 的 P/$\overline{\text{R}}$引脚和 PD 引脚为低电平有效信号，此时单片机通过 P0 口和 P2.7、P2.6 赋地址(一般从 0 地址开始)给 A0～A9。当单片机 AT89C52 通过 P2.3 口使$\overline{\text{CE}}$端为负脉冲时即启动录音，并启动单片机的定时器开始计时。每到一个信息段的时间，就给地址计数加 1。当单片机停止控制 ISD2560 录音时，同时停止定时器计时，此时地址计数器的值即为该段语音的末地址，加 1 即为下一段语音的首地址。接下来，通过单片机将该地址赋给 A0～A9，即可录制下一段语音。定时录音时间到时表示录音结束，单片机控制 PD 引脚变为高电平即停止，当 P/$\overline{\text{R}}$ 引脚也变为高电平时就转回放音模式。

3）语音播报电路

语音播报电路如图 6－7 所示。ISD2560 的 P/$\overline{\text{R}}$引脚为高电平时表示开始放音，PD 引脚为低电平时 CPU 赋地址给 A0～A9，$\overline{CE}$引脚有负脉冲时启动放音。当该语音播放完毕时，EOM 变为低电平触发外部中断 0，通知单片机放音结束可以进行下一段语音的播放。这里不用同时保存各语音段的起始地址和结束地址，因为各个段是相邻的，前一段的末地址加 1 就是本段的起始地址，且每个语音段的结尾均有 EOM 标志，并可发出中断。放音只要利用它和保存在 EEPROM 中各语音段的起始地址即可按任意顺序组合各个语音段。

7. 来电显示电路

来电显示电路选用 LCD12864 汉字图形点阵液晶显示模块，它可显示汉字及图形，内置 8192 个中文汉字(16×16 点阵)、128 个字符(8×16 点阵)及 64×256 点阵显示 RAM (GDRAM)。

1）LCD12864 引脚

LCD12864 引脚说明如表 6-3 所示。

表 6-3　LCD12864 引脚说明

管脚号	管脚名称	方向	功能说明
1	VSS	—	模块的电源地
2	VDD	—	模块的电源正端
3	V0	—	LCD 驱动电压输入端
4	RS(CS)	H/L	并行的指令/数据选择信号；串行的片选信号
5	R/W(SID)	H/L	并行的读写选择信号；串行的数据口
6	E(CLK)	H/L	并行的使能信号；串行的同步时钟
7	DB0	H/L	数据 0
8	DB1	H/L	数据 1
9	DB2	H/L	数据 2
10	DB3	H/L	数据 3
11	DB4	H/L	数据 4
12	DB5	H/L	数据 5
13	DB6	H/L	数据 6
14	DB7	H/L	数据 7
15	LED_A	—	背光源正极(LED +5 V)
16	LED_K	—	背光源负极(LED 0 V)

2）LCD与单片机的接口电路

LCD12864与单片机的连接如图6-8所示。其中，LCD的数据口DB0～DB7与单片机的P1口连接；RS端是指令和数据的选择端，由单片机通过P3.1口控制，当其为高电平时为数据选择端，反之则为指令选择端；R/W端和E端分别与单片机P3.4端、P3.5端相连。R/W为读写控制端，高电平时为读指令，低电平时为写指令。E为使能端，负脉冲使能有效。设计LCD各行显示如下：

第一行从LCD的82H处开始显示，主要用于语音录制时录制状态的显示；第二行显示"你的来电是："(因为一个汉字为两字节，该段话字节数为12个)；第三行用来显示具体来电号码。

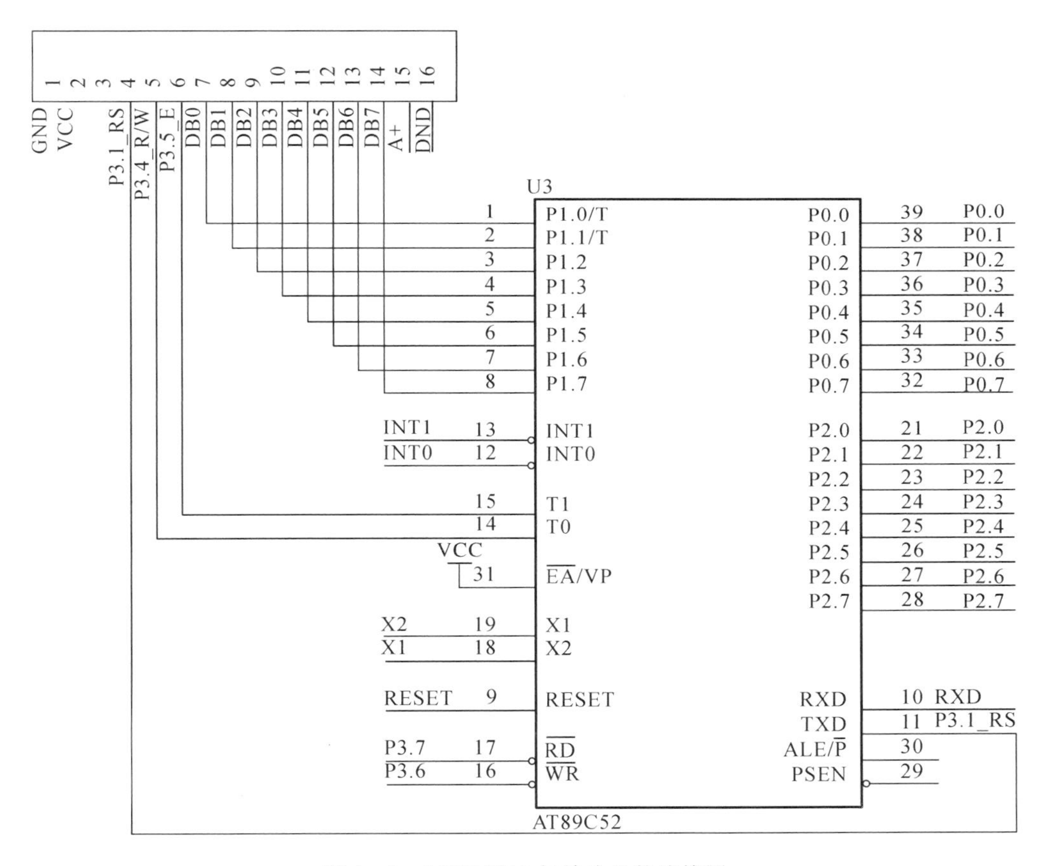

图6-8　LCD12864与单片机的连接图

6.4　来电显示及语音自动播报系统的软件设计

整个来电显示及语音自动播报系统软件部分采用模块化设计，包括主程序模块、来电号码采集模块、来电显示模块、语音录制模块、语音播报模块等。接下来，介绍其中几个主要程序模块的设计流程(由于篇幅关系，具体程序略。)

1. 主程序设计

主程序设计流程如图 6－9 所示。

程序一开始即初始化，首先设定中断程序的入口地址，其次设定堆栈的栈底地址，然后通过“XIANCUN”子程序对部分数据进行初始化，通过“LCD－CSH”子程序对液晶显示屏进行初始化，延时 100 ms 后，通过“XSHICID”子程序和“CIDvoiceplay”子程序进行显示及语音播报的测试，接下来检测单片机的 P3.7 口（在硬件电路中，单片机 AT89C52 的引脚 P3.7 与解码芯片 HT9032C 的引脚 $\overline{\text{RDET}}$ 相连，当振铃信号来时，引脚 $\overline{\text{RDET}}$ 会触发下降沿），当确定 P3.7＝0（即有振铃信号来）时，即调用 HT9032C 子程序来对来电进行识别并显示和播报来电信息。

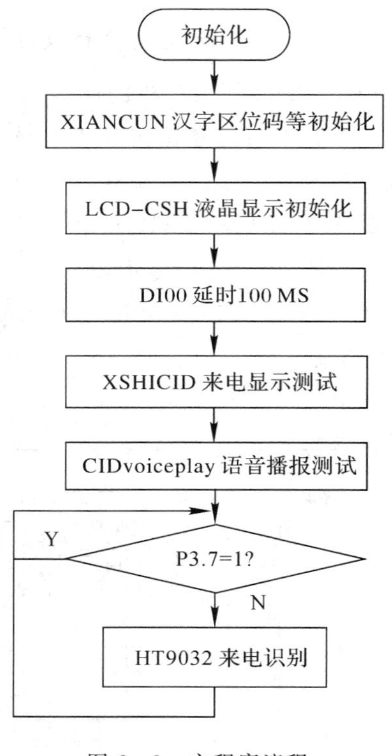

图 6－9　主程序流程

2. XIANCUN 子程序设计

XIANCUN 子程序流程如图 6－10 所示。这一部分主要进行“准备”、“正在”、“结束”、“录制”、“语音”、“播报”、“您的来电是：”的汉字区位码及主被叫状态、通话状态、电话号码长度、电话号码初值的初始化。

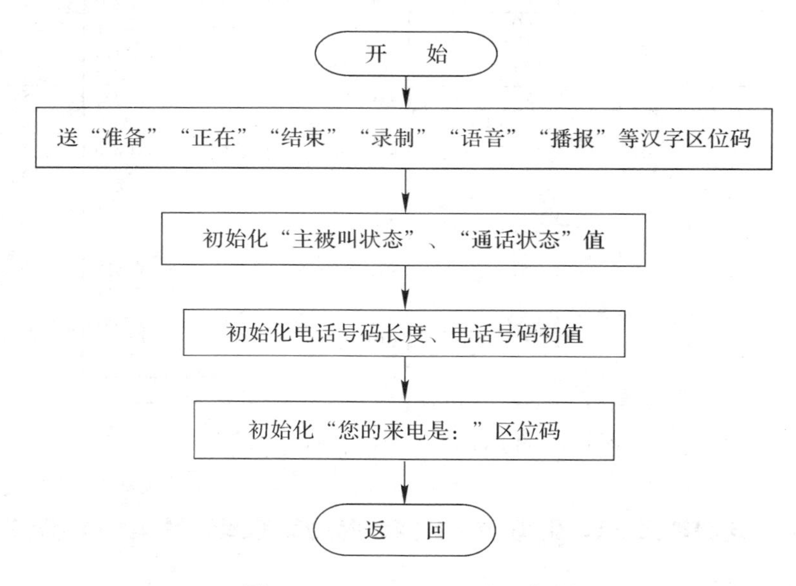

图 6－10　XIANCUN 子程序流程

3. LCD－CSH 子程序设计

LCD－CSH 子程序流程如图 6－11 所示。该子程序用于 LCD 的初始化程序，包括显示参数及方式，并送显示子程序 WRI。

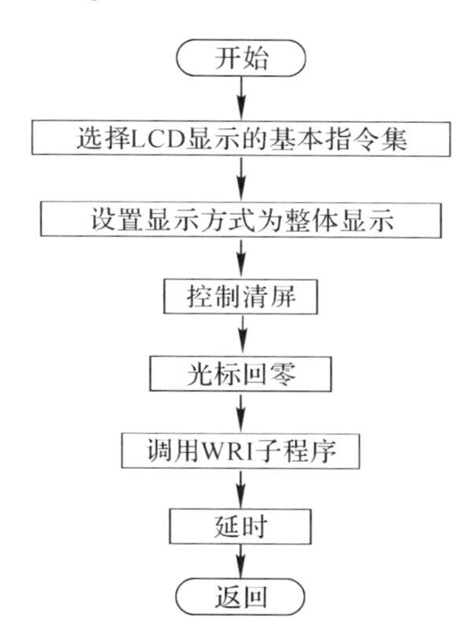

图 6-11　LCD-CSH 子程序流程

其中，所涉及的 WRI 子程序流程如图 6-12 所示。该子程序为液晶 LCD 写命令子程序。流程图中涉及的 P3.1 口与 LCD 的指令/数据选择端 RS 连接，低电平为指令选择端，高电平为数据选择端；P3.4 口与 LCD 的读/写选择端 R/W 连接，低电平为写指令，高电平为读指令；P3.5 口与 LCD 的使能端 E 连接，负脉冲有效。

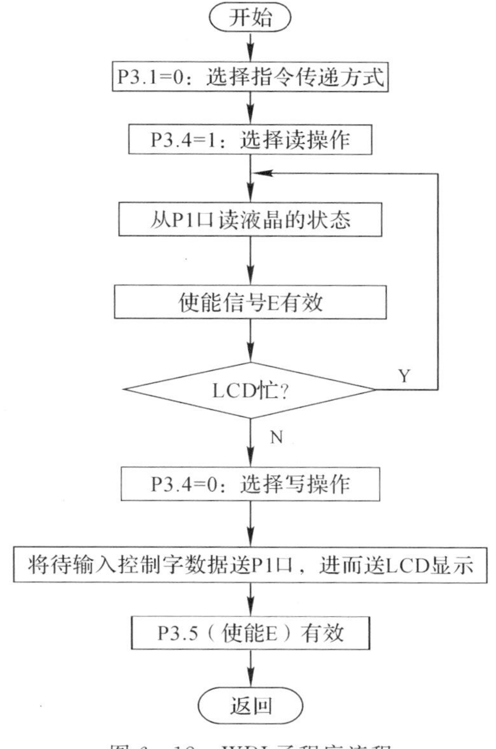

图 6-12　WRI 子程序流程

4. XSHICID 子程序设计

XSHICID 子程序流程如图 6－13 所示。该子程序主要用于控制 LCD 显示位置及显示内容。其中，各行显示位置为：82H 为第一行第三个字符；90H 为第二行第一个字符；88H 为第三行第一个字符。

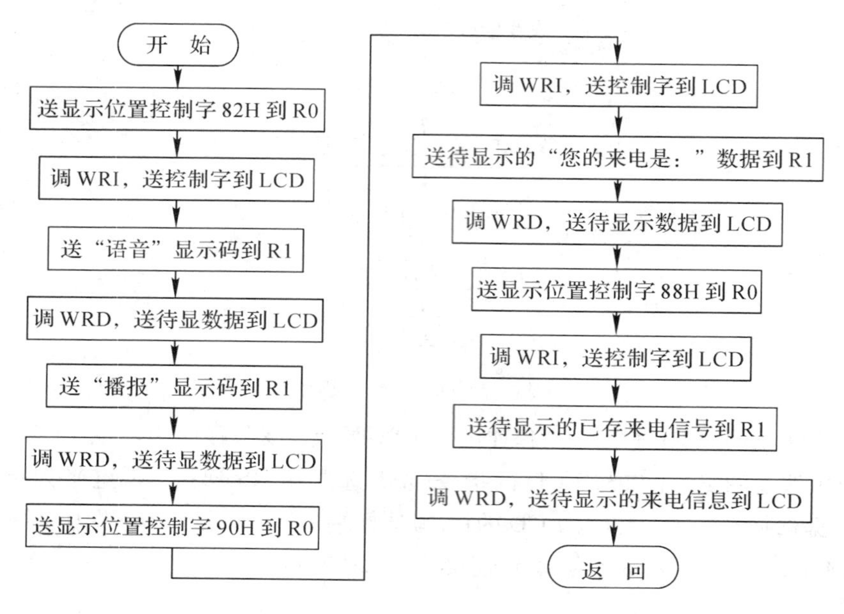

图 6－13　XSHICID 子程序流程

其中，所涉及的 WRD 子程序流程如图 6－14 所示，为液晶 LCD 写数据子程序。

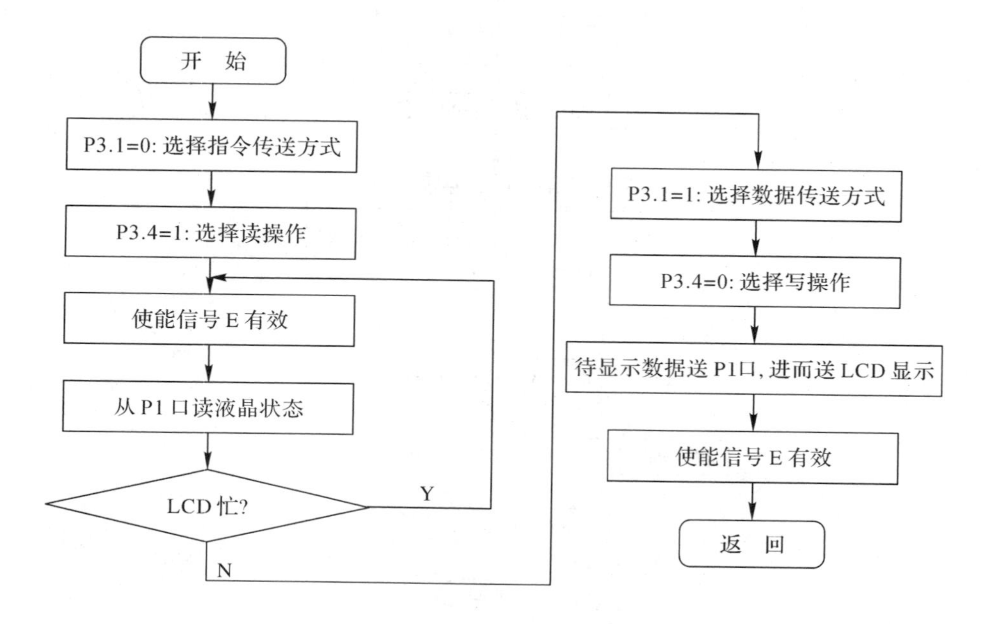

图 6－14　WRD 子程序流程

5. HT9032C 子程序设计

HT9032C 子程序流程如图 6－15 所示。该子程序包括对来电信息的判定和采集，并调用显示子程序 XSHICID 和语音播报子程序 CIDvoiceplay 对来电信息进行显示和语音播报。

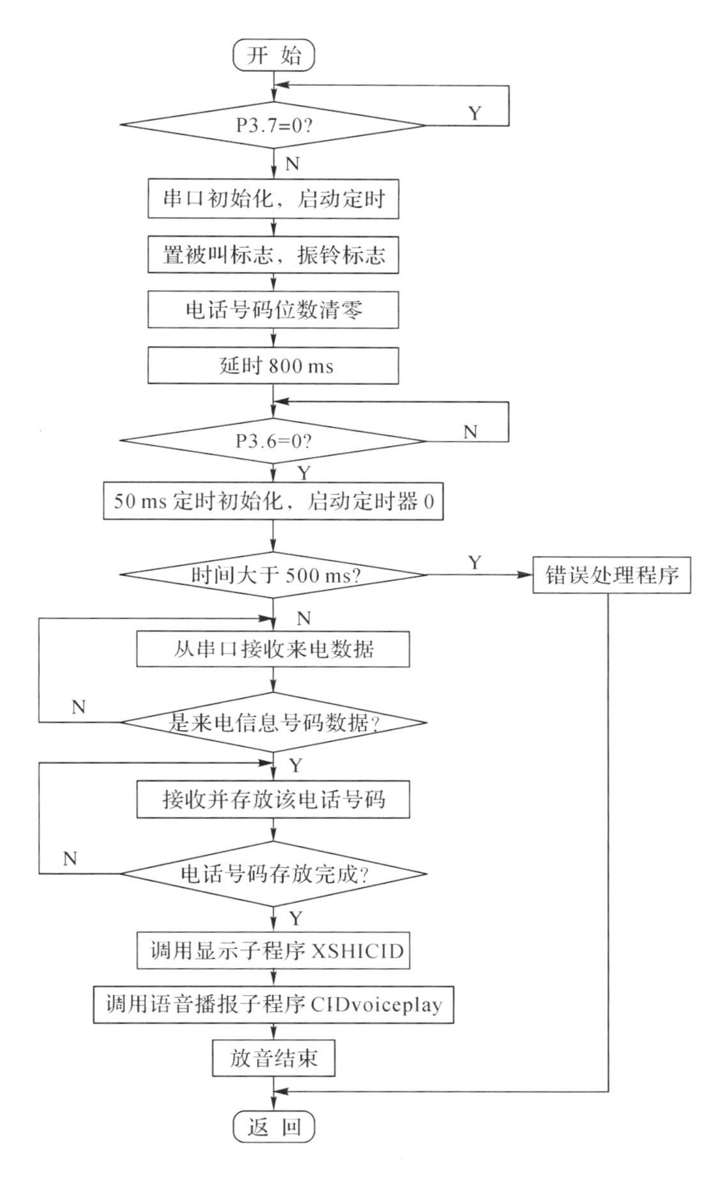

图 6－15　HT9032C 子程序流程

6. CIDvoiceplay 子程序设计

CIDvoiceplay 子程序流程如图 6－16 所示。该子程序为前导音播报子程序。流程中涉及的单片机 P2.5 端口与语音芯片的录/放控制端 P/R 连接，低电平录音，高电平放音；

P2.4口与语音芯片的开始复位端PD连接，低电平为录/放音，高电平复位；P2.3口与语音芯片的开始/暂停端$\overline{CE}$连接，负脉冲为开始。

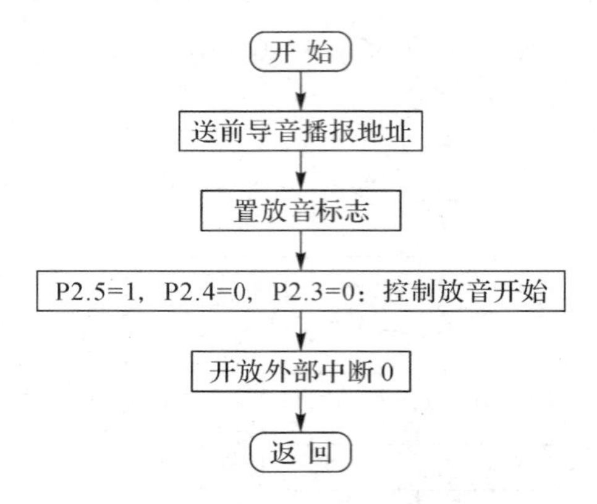

图 6－16　CIDvoiceplay 子程序流程

其中，所涉及的InterREX0(外部中断0)子程序流程如图6－17所示。前导音播放完毕后，语音芯片的EOM＝0，由其触发$\overline{INT0}$产生外部中断，在该程序下，实现播报接下来的电话号码。

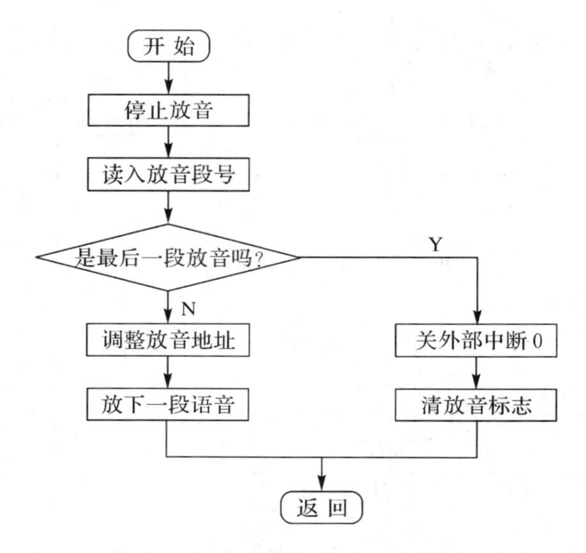

图 6－17　InterREX0(外部中断0)中断子程序流程

7. InterREX1(外部中断1)中断子程序设计

InterREX1(外部中断1)子程序流程如图6－18所示。单片机引脚$\overline{INT1}$接K1键，当K1按下时，INT1有效，执行外部中断1程序，在该程序中启动录音。此时程序判断K1是否再次按下，若按下，则录制当前段，若没按，则判断K2、K3键是否按下，若按下K2，则段号加1，若按下K3，则段号减1，以此来调整段号。若K4按下，则表明录音过程结束，程序转入语音播报测试状态，用以检测录音效果。另外，在InterREX1中断子程序(录音过程)中，利用软件实现了对各个按键的消抖。

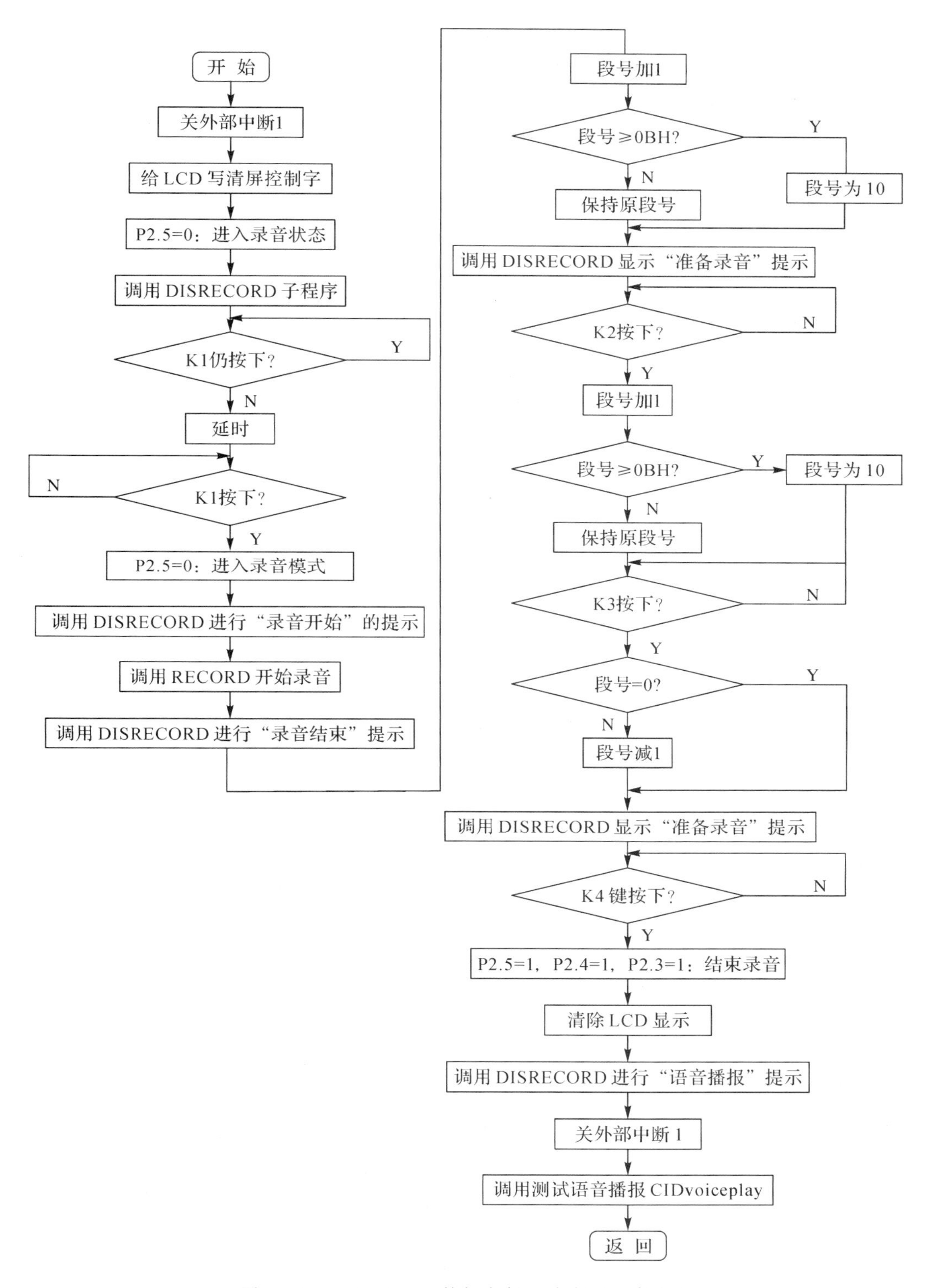

图6-18　InterREX1(外部中断1)中断子程序流程

其中，所涉及的 DISRECORD 子程序主要用于显示录音过程的各种提示信息，如“语音录制准备录制第 n 段”、“语音录制正在录制第 n 段”等，除此以外还有语音播报；RECORD子程序为录音过程子程序，主要用于录音过程中段号的调整以及控制每段录音的时间长度。基于篇幅，这两个程序的流程略。

附录 A　51 单片机汇编语言指令集

1. 算术操作类指令

助记符	字节数	周期数	功 能 说 明
ADD A，Rn	1	1	寄存器加到累加器
ADD A，direct	2	2	直接寻址字节加到累加器
ADD A，@Ri	1	2	间址 RAM 加到累加器
ADD A，#data	2	2	立即数加到累加器
ADDC A，Rn	1	1	寄存器加到累加器(带进位)
ADDC A，direct	2	2	直接寻址字节加到累加器(带进位)
ADDC A，@Ri	1	2	间址 RAM 加到累加器(带进位)
ADDC A，#data	2	2	立即数加到累加器(带进位)
SUBB A，Rn	1	1	累加器减去寄存器(带借位)
SUBB A，direct	2	2	累加器减去间接寻址 RAM(带借位)
SUBB A，@Ri	1	2	累加器减去间址 RAM(带借位)
SUBB A，#data	2	2	累加器减去立即数(带借位)
INC A	1	1	累加器加 1
INC Rn	1	1	寄存器加 1
INC direct	2	2	直接寻址字节加 1
INC @Ri	1	2	间址 RAM 加 1
DEC A	1	1	累加器减 1
DEC Rn	1	1	寄存器减 1
DEC direct	2	2	直接寻址字节减 1
DEC @Ri	1	2	间址 RAM 减 1
INC DPTR	1	1	数据地址加 1
MUL AB	1	4	累加器和寄存器 B 加乘
DIV AB	1	8	累加器除以寄存器 B
DA A	1	1	累加器十进制调整

2. 逻辑操作类指令

助记符	字节数	周期数	功能说明
ANL A，Rn	1	1	寄存器“与”到累加器
ANL A，direct	2	2	直接寻址字节“与”到累加器
ANL A，@Ri	1	2	间址 RAM“与”到累加器
ANL A，#data	2	2	立即数“与”到累加器
ANL direct，A	2	2	累加器“与”到直接寻址字节
ANL direct，#data	3	3	立即数“与”到直接寻址字节
ORL A，Rn	1	1	寄存器“或”到累加器
ORL A，direct	2	2	直接寻址字节“或”到累加器
ORL A，@Ri	1	2	间址 RAM“或”到累加器
ORL A，#data	2	2	立即数“或”到累加器
ORL direct，A	2	2	累加器“或”到直接寻址字节
ORL direct，#data	3	3	立即数“或”到直接寻址字节
XRL A，Rn	1	1	寄存器“异或”到累加器
XRL A，direct	2	2	直接寻址数“异或”到累加器
XRL A，@Ri	1	2	间址 RAM“异或”到累加器
XRL A，#data	2	2	立即数“异或”到累加器
XRL direct，A	2	2	累加器“异或”到直接寻址字节
XRL direct，#data	3	3	立即数“异或”到直接寻址字节
CLR A	1	1	累加器清零
CPL A	1	1	累加器求反
RL A	1	1	循环左移
RLC A	1	1	经过进位位的累加器循环左移
RR A	1	1	累加器循环右移
RRC A	1	1	经过进位位的累加器循环右移
SWAP A	1	1	累加器内高低半字节交换

3. 数据传输类指令

助记符	字节数	周期数	功 能 说 明
MOV A，Rn	1	1	寄存器传送到累加器 A
MOV A，direct	2	2	直接寻址字节传送到累加器
MOV A，@Ri	1	2	间址 RAM 传送到累加器
MOV A，#data	2	2	立即数传送到累加器
MOV Rn，A	1	1	累加器传送到寄存器
MOV Rn，direct	2	2	直接寻址字节传送到寄存器
MOV Rn，#data	2	2	立即数传送到寄存器
MOV direct，A	2	2	累加器传送到直接寻址字节
MOV direct，Rn	2	2	寄存器传送到直接寻址字节
MOV direct，direct	3	3	直接寻址字节传送到直接寻址字节
MOV direct，@Ri	2	2	间址 RAM 传送到直接寻址字节
MOV direct，#data	3	3	立即数传送到直接寻址字节
MOV @Ri，A	1	2	累加器传送到间址 RAM
MOV @Ri，direct	2	2	直接寻址数传送到间址 RAM
MOV @Ri，#data	2	2	立即数传送到间址 RAM
MOV DPTR，#data16	3	3	16 位常数装入数据指针
MOVC A，@A+DPTR	1	3	相对于 DPTR 的代码字节传送到累加器
MOVC A，@A+PC	1	3	相对于 PC 的代码字节传送到累加器
MOVX A，@Ri	1	3	外部 RAM(8 位地址)数传送到 A
MOVX @Ri，A	1	3	累加器传到外部 RAM(8 位地址)
MOVX A，@DPTR	1	3	外部 RAM(16 位地址)传送到 A
MOVX @DPTR，A	1	3	累加器传到外部 RAM(16 位地址)
PUSH direct	2	2	直接寻址字节压入栈顶
POP direct	2	2	栈顶数据弹出到直接寻址字节
XCH A，Rn	1	1	寄存器和累加器交换
XCH A，direct	2	2	直接寻址字节与累加器交换
XCH A，@Ri	1	2	间址 RAM 与累加器交换
XCHD A，@Ri	1	2	间址 RAM 和累加器交换低半字节

4. 位操作类指令

助记符	字节数	周期数	功 能 说 明
CLR C	1	1	清进位位
CLR bit	2	2	清直接寻址位
SETB C	1	1	进位位置 1
SETB bit	2	2	直接寻址位置位
CPL C	1	1	进位位取反
CPL bit	2	2	直接寻址位取反
ANL C，bit	2	2	直接寻址位“与”到进位位
ANL C，/bit	2	2	直接寻址位的反码“与”到进位位
ORL C，bit	2	2	直接寻址位“或”到进位位
ORL C，/bit	2	2	直接寻址位的反码“或”到进位位
MOV C，bit	2	2	直接寻址位传送到进位位
MOV bit，C	2	2	进位位传送到直接寻址位
JC rel	2	2/3	若进位位为 1 则跳转
JNC rel	2	2/3	若进位位为零则跳转
JB bit，rel	3	3/4	若直接寻址位为 1 则跳转
JNB bit，rel	3	3/4	若直接寻址位为零则跳转
JBC bit，rel	3	3/4	若直接寻址位为 1 则跳转，并清除该位

5. 控制转移类指令

助记符	字节数	周期数	功 能 说 明
ACALL addr11	2	3	绝对调用子程序
LCALL addr16	3	4	长调用子程序
RET	1	5	从子程序返回
RETI	1	5	从中断返回
AJMP addr11	2	3	绝对转移
LJMP addr16	3	4	长转移
SJMP rel	2	3	短转移(相对偏移)
JMP @A+DPTR	1	3	相对 DPTR 的间接转移

续表

助记符	字节数	周期数	功能说明
JZ rel	2	2/3	累加器为0则转移
JNZ rel	2	2/3	累加器为非0则转移
CJNE A，direct，rel	3	3/4	比较直接寻址字节与A，不相等则转移
CJNE A，#data，rel	3	3/4	比较立即数与A，不相等则转移
CJNE Rn，#data，rel	3	3/4	比较立即数与寄存器，不相等则转移
CJNE @Ri，#data，rel	3	4/5	比较立即数与间接寻址RAM，不相等则转移
DJNZ Rn，rel	2	2/3	寄存器减1，不为零则转移
DJNZ direct，rel	3	3/4	直接寻址字节减1，不为零则转移
NOP	1	1	空操作

注释：

Rn：当前选择的寄存器区的寄存器R0～R7；

@Ri：通过寄存器R0－R1间接寻址的数据RAM地址；

rel：相对于下一条指令第8位有符号偏移量。SJMP和所有条件转移指令使用；

direct：8位内部数据存储器地址。可以是直接访问数据RAM地址(0x00－0x7F)或一个SFR地址(0x80～0xFF)；

#data：8位立即数；

#data16：16位立即数；

bit：数据RAM或SFR中的直接寻址位；

addr11：ACALL或AJMP使用的11位目的地址。目的地址必须与下一条指令第节处于同一个2K字节的程序存储器页；

addr16：LCALL或LJMP使用的16位目的地址。目的地址可以是64K程序存储器空间内的任何位置。

附录B　常见芯片引脚图

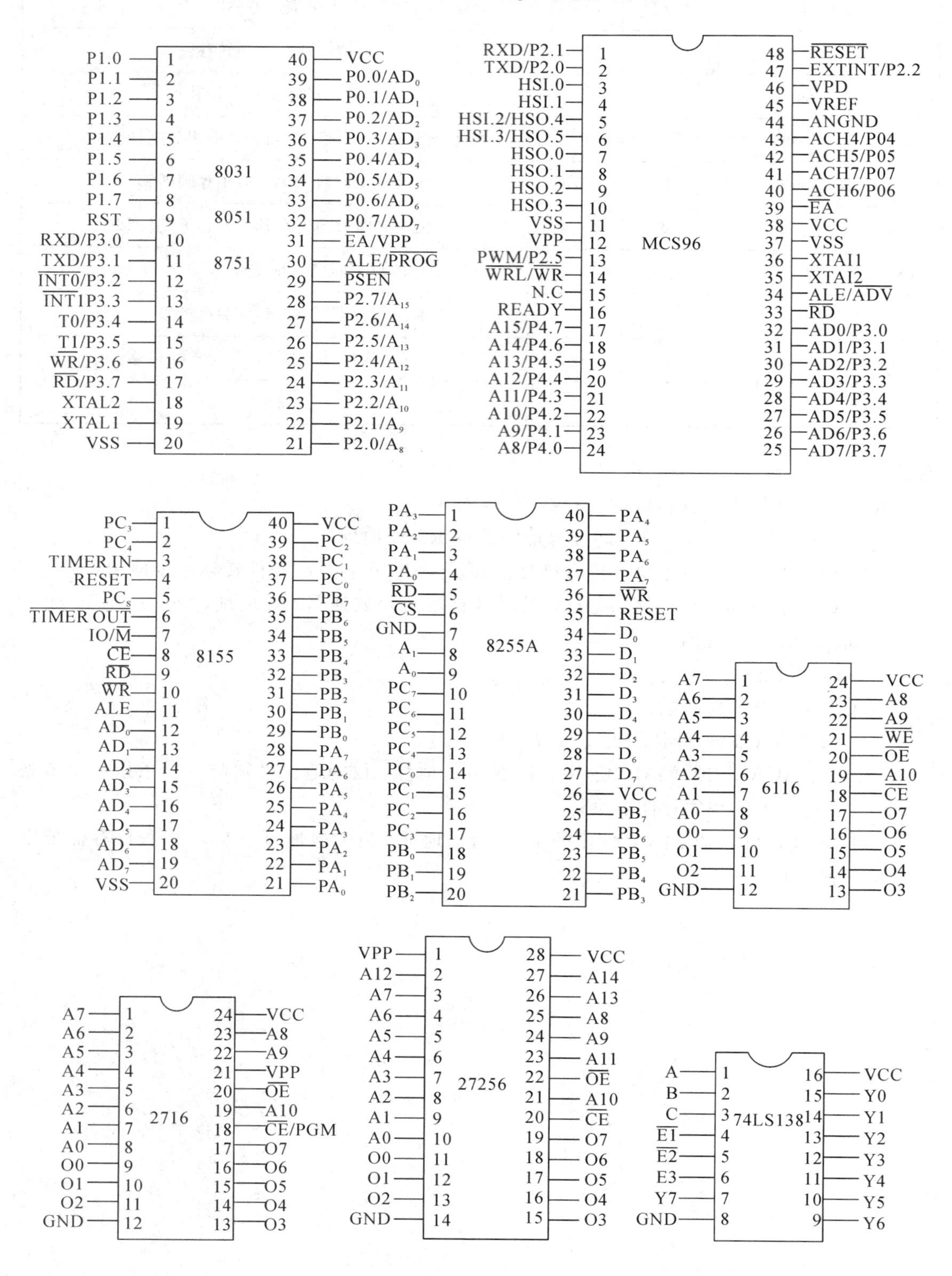
8031
8051
8751
P1.0 1 40 VCC
P1.1 2 39 P0.0/AD0
P1.2 3 38 P0.1/AD1
P1.3 4 37 P0.2/AD2
P1.4 5 36 P0.3/AD3
P1.5 6 35 P0.4/AD4
P1.6 7 34 P0.5/AD5
P1.7 8 33 P0.6/AD6
RST 9 32 P0.7/AD7
RXD/P3.0 10 31 EA/VPP
TXD/P3.1 11 30 ALE/PROG
INT0/P3.2 12 29 PSEN
INT1P3.3 13 28 P2.7/A15
T0/P3.4 14 27 P2.6/A14
T1/P3.5 15 26 P2.5/A13
WR/P3.6 16 25 P2.4/A12
RD/P3.7 17 24 P2.3/A11
XTAL2 18 23 P2.2/A10
XTAL1 19 22 P2.1/A9
VSS 20 21 P2.0/A8
MCS96
RXD/P2.1 1 48 RESET
TXD/P2.0 2 47 EXTINT/P2.2
HSI.0 3 46 VPD
HSI.1 4 45 VREF
HSI.2/HSO.4 5 44 ANGND
HSI.3/HSO.5 6 43 ACH4/P04
HSO.0 7 42 ACH5/P05
HSO.1 8 41 ACH7/P07
HSO.2 9 40 ACH6/P06
HSO.3 10 39 EA
VSS 11 38 VCC
VPP 12 37 VSS
PWM/P2.5 13 36 XTAI1
WRL/WR 14 35 XTAI2
N.C 15 34 ALE/ADV
READY 16 33 RD
A15/P4.7 17 32 AD0/P3.0
A14/P4.6 18 31 AD1/P3.1
A13/P4.5 19 30 AD2/P3.2
A12/P4.4 20 29 AD3/P3.3
A11/P4.3 21 28 AD4/P3.4
A10/P4.2 22 27 AD5/P3.5
A9/P4.1 23 26 AD6/P3.6
A8/P4.0 24 25 AD7/P3.7
8155
PC3 1 40 VCC
PC4 2 39 PC2
TIMER IN 3 38 PC1
RESET 4 37 PC0
PC5 5 36 PB7
TIMER OUT 6 35 PB6
IO/M 7 34 PB5
CE 8 33 PB4
RD 9 32 PB3
WR 10 31 PB2
ALE 11 30 PB1
AD0 12 29 PB0
AD1 13 28 PA7
AD2 14 27 PA6
AD3 15 26 PA5
AD4 16 25 PA4
AD5 17 24 PA3
AD6 18 23 PA2
AD7 19 22 PA1
VSS 20 21 PA0
8255A
PA3 1 40 PA4
PA2 2 39 PA5
PA1 3 38 PA6
PA0 4 37 PA7
RD 5 36 WR
CS 6 35 RESET
GND 7 34 D0
A1 8 33 D1
A0 9 32 D2
PC7 10 31 D3
PC6 11 30 D4
PC5 12 29 D5
PC4 13 28 D6
PC0 14 27 D7
PC1 15 26 VCC
PC2 16 25 PB7
PC3 17 24 PB6
PB0 18 23 PB5
PB1 19 22 PB4
PB2 20 21 PB3
6116
A7 1 24 VCC
A6 2 23 A8
A5 3 22 A9
A4 4 21 WE
A3 5 20 OE
A2 6 19 A10
A1 7 18 CE
A0 8 17 O7
O0 9 16 O6
O1 10 15 O5
O2 11 14 O4
GND 12 13 O3
2716
A7 1 24 VCC
A6 2 23 A8
A5 3 22 A9
A4 4 21 VPP
A3 5 20 OE
A2 6 19 A10
A1 7 18 CE/PGM
A0 8 17 O7
O0 9 16 O6
O1 10 15 O5
O2 11 14 O4
GND 12 13 O3
27256
VPP 1 28 VCC
A12 2 27 A14
A7 3 26 A13
A6 4 25 A8
A5 5 24 A9
A4 6 23 A11
A3 7 22 OE
A2 8 21 A10
A1 9 20 CE
A0 10 19 O7
O0 11 18 O6
O1 12 17 O5
O2 13 16 O4
GND 14 15 O3
74LS138
A 1 16 VCC
B 2 15 Y0
C 3 14 Y1
E1 4 13 Y2
E2 5 12 Y3
E3 6 11 Y4
Y7 7 10 Y5
GND 8 9 Y6

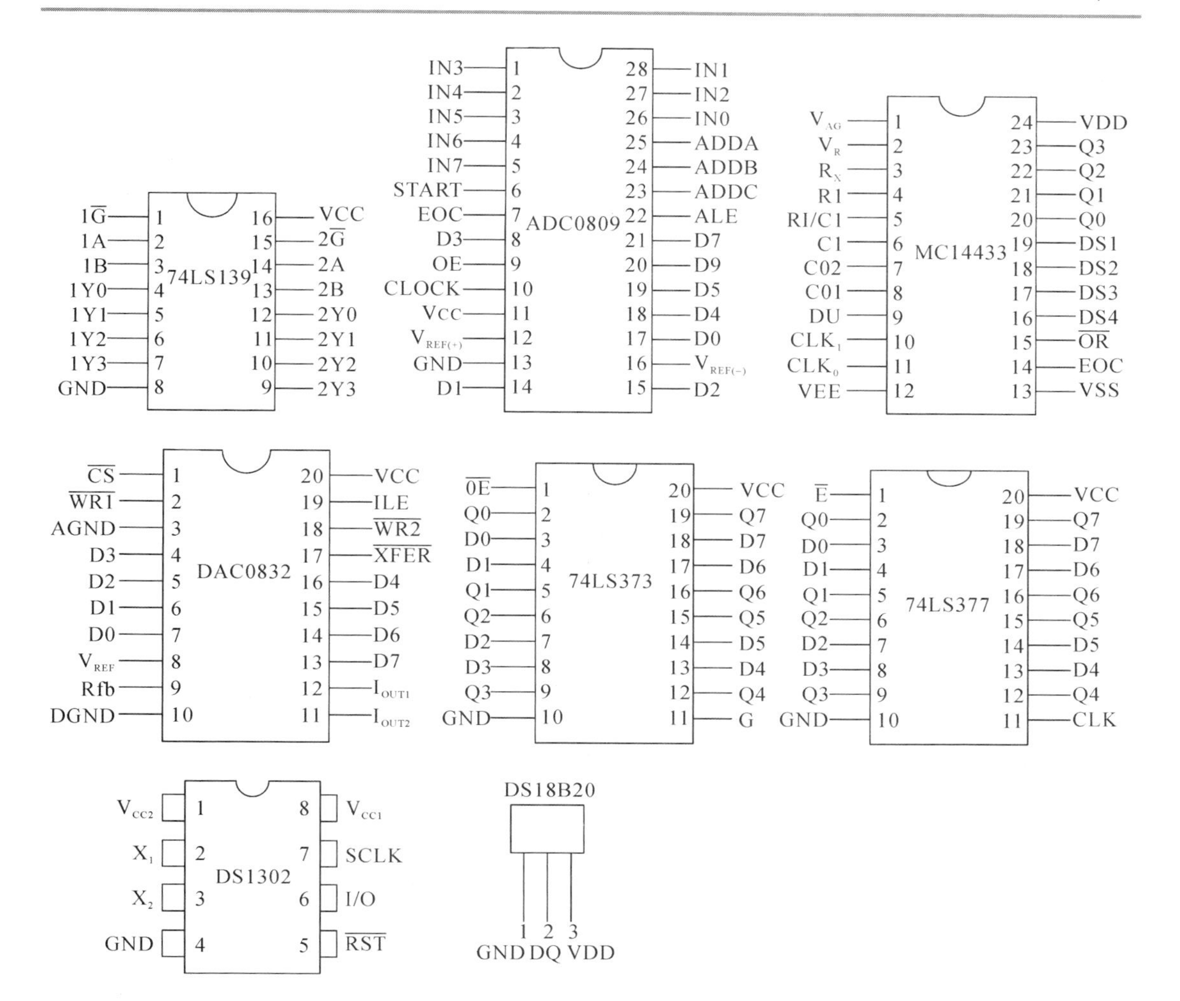
74LS139
1G̅ 1 16 VCC
1A 2 15 2G̅
1B 3 14 2A
1Y0 4 13 2B
1Y1 5 12 2Y0
1Y2 6 11 2Y1
1Y3 7 10 2Y2
GND 8 9 2Y3
ADC0809
IN3 1 28 IN1
IN4 2 27 IN2
IN5 3 26 IN0
IN6 4 25 ADDA
IN7 5 24 ADDB
START 6 23 ADDC
EOC 7 22 ALE
D3 8 21 D7
OE 9 20 D9
CLOCK 10 19 D5
Vcc 11 18 D4
VREF(+) 12 17 D0
GND 13 16 VREF(-)
D1 14 15 D2
MC14433
VAG 1 24 VDD
VR 2 23 Q3
RX 3 22 Q2
R1 4 21 Q1
RI/C1 5 20 Q0
C1 6 19 DS1
C02 7 18 DS2
C01 8 17 DS3
DU 9 16 DS4
CLK1 10 15 OR̅
CLK0 11 14 EOC
VEE 12 13 VSS
DAC0832
CS̅ 1 20 VCC
WR1̅ 2 19 ILE
AGND 3 18 WR2̅
D3 4 17 XFER̅
D2 5 16 D4
D1 6 15 D5
D0 7 14 D6
VREF 8 13 D7
Rfb 9 12 IOUT1
DGND 10 11 IOUT2
74LS373
0E̅ 1 20 VCC
Q0 2 19 Q7
D0 3 18 D7
D1 4 17 D6
Q1 5 16 Q6
Q2 6 15 Q5
D2 7 14 D5
D3 8 13 D4
Q3 9 12 Q4
GND 10 11 G
74LS377
E̅ 1 20 VCC
Q0 2 19 Q7
D0 3 18 D7
D1 4 17 D6
Q1 5 16 Q6
Q2 6 15 Q5
D2 7 14 D5
D3 8 13 D4
Q3 9 12 Q4
GND 10 11 CLK
DS1302
VCC2 1 8 VCC1
X1 2 7 SCLK
X2 3 6 I/O
GND 4 5 RST̅
DS18B20
1 2 3
GND DQ VDD